植被演化时空动力学建模及非线性斑图特征研究

Spatio-temporal Dynamics Modeling of Vegetation Evolution and Nonlinear Pattern Characteristics

梁 娟 著

重庆大学出版社

内容提要

本书根据植被内在生长机制和植被吸收水分的特征,以及植食动物和气候变化对植被的影响,分别建立了耦合植被根部吸收水分的非局部相互作用、气候因素以及植食动物的记忆效应的植被反应扩散模型,找到了产生植被斑图的条件,分析了模型的动力学性态,并运用多尺度理论分析方法,得到了系统参数与斑图结构的对应关系;根据 Crandall-Rabinowitz 定理以及隐函数定理,得到了非常数正稳态解的结构;数值模拟了植被斑图的演化过程并预测了未来植被的发展趋势;运用最优控制理论,制订了植被生态系统的适应性策略,为生态系统的保护提供了理论基础。

图书在版编目(CIP)数据

植被演化时空动力学建模及非线性斑图特征研究／
梁娟著. -- 重庆:重庆大学出版社,2025. 6. -- ISBN
978-7-5689-5094-7

Ⅰ. Q948.15

中国国家版本馆 CIP 数据核字第 20258JH362 号

植被演化时空动力学建模及非线性斑图特征研究
ZHIBEI YANHUA SHIKONG DONGLIXUE JIANMO JI
FEIXIANXING BANTU TEZHENG YANJIU

梁 娟 著

策划编辑:秦旖旎

责任编辑:张红梅　　版式设计:秦旖旎
责任校对:关德强　　责任印制:张 策

*

重庆大学出版社出版发行

社址:重庆市沙坪坝区大学城西路 21 号

邮编:401331

电话:(023) 88617190　88617185(中小学)

传真:(023) 88617186　88617166

网址:http://www.cqup.com.cn

邮箱:fxk@ cqup.com.cn(营销中心)

全国新华书店经销

重庆升光电力印务有限公司印刷

*

开本:720mm×1020mm　1/16　印张:12.75　字数:180 千

2025 年 6 月第 1 版　　2025 年 6 月第 1 次印刷

ISBN 978-7-5689-5094-7　定价:88.00 元

前　言

近几十年来,受全球气候变化和人类活动的影响,干旱半干旱地区的植被生态系统受到了很大的挑战,研究干旱半干旱地区植被系统的空间分布及演化过程具有重要的意义。植被斑图不仅可以揭示植被的生长规律和分布特征,还可以为荒漠化提供早期预警信号。为此,根据植被吸收水分的过程以及植被间的非局部相互作用,本书建立了几类具有非局部相互作用的植被动力学模型并进行了数学分析,同时耦合气候要素,预测植被未来生长趋势,系统地揭示了植被斑图形成的动力学机制和演化规律,为干旱半干旱地区植被保护和修复提供理论依据,具体结构如下:

第 1 章,介绍了本书所研究问题的学科背景以及国内外研究现状,并详细阐述了本书所需要的预备知识和研究方法,主要包括:动力系统和分岔的相关理论、图灵斑图和稳态斑图的相关理论、抛物型方程的相关理论,给出了本书的主要研究内容。

第 2 章,根据干旱半干旱地区植被间的相互作用,遵循"近距离促进,远距离抑制"的原则,建立了一类具有非局部相互作用的植被模型,并使用稳定性分析和图灵不稳定理论推导出了图灵分支产生的条件。结果表明,随着相互作用强度的增加,植被斑图向荒漠化转变,且植被生物量逐渐减小,这预示着植被间的竞争强度在增加。此外,受水扩散机制的影响,同一空间位置上植被密度与水密度呈反相位同步关系。

第 3 章,根据植被吸收水分的特点,分别构建了一类具有强核和弱核的非局部时滞的植被-水模型,比较了具有强核和弱核的非局部时滞项对应的生物学意义;运用多尺度理论分析方法,得到了系统参数与斑图结构的对应关系,通过图灵不稳定理论得到了植被斑图的形成条件。数值结果表明,对具有强核的非局部时滞植被模型,随着非局部相互作用强度的增加,植被斑图不会发生相变,但植被斑图的隔离度逐渐增加,意味着植被生态系统的稳健性降低;对具有弱核的非局部时滞植被模型,非局部相互作用强度对植被密度的影响呈"抛物现象",且非局部相互作用强度的改变会引起斑图结构的变化。

第 4 章,研究了一类具有记忆效应的植食动物-植被模型的稳态分支问题:通过非线性理论分析得到了空间非齐次稳态解产生的条件,并利用 Crandall-Rabinowitz 定理以及隐函数定理,得到了非常数正稳态解的结构;通过数值模拟揭示了基于记忆的扩散系数对植被斑图的影响。结果表明,低密度植被集群数量会随着基于记忆的扩散系数的减小而增加,且该系数与植被生物量呈正相关关系。

第 5 章,在全球气候变暖的背景下,分别选取了内蒙古包头地区和青海湖地区这两个典型的半干旱地区为研究区域,应用植被-气候动力学模型研究温度、降雨、CO_2 浓度对植被斑图的影响,并分别采用 CMIP6 和 CMIP5 模式研究了内蒙古包头地区和青海湖地区在不同气候情景下植被生长趋势。植被斑图展现出温度、降雨和 CO_2 浓度的协同作用。最优控制策略可以为荒漠化防治提供理论指导。结果表明,对于包头地区,Current 情景对应的植被系统的荒漠化速度最快,而 SSP1-2.6 情景是植被生长的理想气候情景,得到发生荒漠化的阈值;对于青海湖地区,RCP2.6 情景是最适合该地区植被生长的气候情景,在 RCP8.5 情景下,植被系统最容易发生荒漠化。

第 6 章,建立了一类具有交叉扩散的植被-水反应扩散模型,将人类活动作为控制函数,研究了该植被模型的稀疏最优控制问题;从控制相关植被斑图形成的角度揭示了如何通过人类活动提高生态系统的稳健性;给出模型产生图灵斑图的条件,从而推导出了一阶必要最优性条件;通过数值模拟,从控制效果、控制误差和控制成本三大方面验证了该控制方法的合理性以及控制策略的有效性。

第 7 章,总结全书研究内容和结论,给出了本书的创新点,并指出了其中的不足,探讨了未来将要进行的研究工作。

　　以上研究成果得到了博士期间导师孙桂全教授的悉心指导和诸多良师益友的大力支持和帮助,同时获得了太原工业学院引进人才科研资助项目"中国干旱半干旱地区植被斑图非线性动力学特征研究"(编号:2024KJ012)和山西省基础研究计划项目"干旱半干旱地区植被斑图动力学建模与分析"(编号:202203021212327)的资助。本书的顺利完成,也离不开山西大学复杂系统研究所和中北大学数学学院各位老师的鼓励和关心,离不开太原工业学院的领导和同事的支持和关怀,在此一并感谢。最后,感谢我的父母和家人,他们的关爱是我前行的最大动力。

　　本书中的研究成果,既是这几年科研工作的一个总结,更是一个新的开始。我会以各位前辈为榜样,克服困难,不断进取,争取做出更好的研究成果。由于学识有限,对问题的理解不够全面,书中错误和不足之处在所难免,望广大读者和专业同仁予以批评指正。

梁　娟

2024 年 10 月 17 日

目　录

第 1 章 绪 论

1.1 研究背景和意义

植被是地球生态系统的主体,是生态系统的工程师,在全球能量和物质循环中担任着重要的角色。同时,植被在防治水土流失、美化城市环境方面发挥着极其重要的作用。此外,植被还具有调节气候的功能。在干旱半干旱地区,近几十年来的气候变化对植被的分布和生长产生了巨大的影响。例如,在亚洲主要的沙漠边缘地带,受到气候变暖和降雨减少的影响,在 1999—2008 年,植被出现了退化,新增了 8.7% 的沙漠化面积,水分限制了植被的生长;在气候变化的影响下,近 30 年位于非洲萨赫勒地带的植被退化程度呈现全面减少的趋势,在 1982—2006 年,一半以上的荒漠植被呈现改善的趋势。自 20 世纪 80 年代开始,中国西北干旱半干旱地区气候向暖湿化转化,且在生长季 30% 的地区,归一化植被指数(normalized difference vegetation index, NDVI)以增加为主。从 1982—2006 年,内蒙古地区的气温呈现整体上升趋势,降雨减少,约 5.08% 地区的 NDVI 是下降的,从 2001—2010 年,内蒙古地区 34.26% 的植被呈现退化趋势。综上所述,气候变化对植被的生长和分布有着重要的影响。

植被斑图,指的是植被在空间或时间上具有某种规律性的非均匀宏观分布结构,可以揭示植被的生长规律和分布特征。植被斑图结构有条形斑图、点状斑图、迷宫斑图、混合状斑图等,不同的结构对应不同的功能。在干旱半干旱地区,随着资源的减少,植被斑图由迷宫型向荒漠化转变,其中一些是不连续和灾难性的转变,研究植被斑图的演化对分析和预测植被生长具有重要意义。关于植被斑图的研究主要分为:① 建立带有扩散的多因素耦合植被系统,应用相应的斑图动力学理论,研究多因素耦合植被系统的斑图结构的形成机理;② 研究斑图结构与生态功能的关系,找出何种结构意味着植被系统的稳健,何种结构预示着植被系统的失稳,为早期沙漠化提供预警信号。通过植被斑图的结构特征定义植被系统的稳健性,研究植被系统受到外界破坏后的恢复能力和恢复时间,可为生态系统退化提供早期预警信号。

气候变化是国际社会普遍关注的全球性问题。近 100 年来,全球气候经历了以变暖为特征的重大变化。联合国政府间气候变化专门委员会发布的《第六次评估报告综合报告:气候变化 2023》显示,2011—2020 年全球地表平均温度比 1850—1900 年升高了 1.1 ℃。此外,从 1975—2014 年,CO_2 浓度从 280 ppm* 上升到 397 ppm,CO_2 等温室气体浓度已上升到过去 80 万年来的最高水平,且根据预测,到 21 世纪末,全球气温将比前工业时代至少上升 1.5 ℃。特别是干旱半干旱地区,全球变暖对干旱程度有着巨大的影响。20 世纪 80 年代以来,全球生态系统受气候变化异常的影响面临着很大的挑战。

干旱及其对全球水资源的影响正在成为世界范围内迫切需要研究和解决的问题。受降雨的影响,干旱半干旱地区生态系统退化趋势明显,而且气候变化有可能加剧荒漠化的进度。干旱半干旱地区生态系统较为脆弱,该地区生态系统对气候变化较为敏感。干旱半干旱地区生态系统如何对一系列的气候变化(如 CO_2 浓度增加、气温升高和降雨减少等)作出响应是一个值得研究的问题。本书以植被的空间分布为切入点进行探讨,以中国干旱半干旱地区的植被系统为例,研究气候变化对植被系统的影响。此外,年降雨量为 200 ~ 400 mm 属于半干旱地区,年降雨量低于 200 mm 属于干旱地区。中国西北的大部分地

---

* 1 ppm＝0.001‰。

区和内蒙古部分地区都属于干旱半干旱地区。

在干旱半干旱地区,水是制约植被生长的重要因素。目前的很多研究是基于植被-水反应扩散模型进行的,它既能研究环境的大小和形状对植被的空间分布的影响,又能够基于数学分析研究植被的空间扩散问题。植被与水之间的反馈调节主要有 4 种形式:渗透反馈、根延展反馈、吸收反馈、土壤水扩散反馈。其中,吸收反馈是一种负反馈调节,其他 3 种反馈均属于正反馈调节,而尺度依赖机制通常指在不同空间尺度上发生的正反馈和负反馈。在生态系统中,该机制具体体现为短距离促进作用和长距离抑制作用。这一机制为阐述潜在环境异质性很小的系统的斑图提供了一种工具,将尺度依赖机制耦合到模型中更适合干旱半干旱地区的植被生长规律。此外,在植被根部吸水过程中,植被不仅吸收根部当前的水分,而且吸收周围的水分,由于水分在空间上的运动,其空间位置会随时间的变化而变化,进而导致根部吸收的水分存在空间上的非局部交错作用。这种作用需要考虑个体通过一定的时间从任何可能的位置运动到达当前的位置,作用称为非局部相互作用,用时空积分函数来表示。将这种非局部相互作用耦合到植被反应扩散方程中更具实际意义。

综上所述,与其他动力学模型相比,根据非局部相互作用机制建立的植被动力学模型可以更精确地刻画植被的生长特性。目前关于这部分的研究较少,本书主要基于非局部相互作用机制构建模型来研究植被斑图的演化。具体而言,本书基于植被内在生长机制和气候变化对植被的影响建立植被模型,进而探讨不同的生长机制对植被生长的影响,揭示干旱半干旱地区气候-生态系统互反馈机理,表征不同的斑图空间分布对应的功能,预测未来植被的生长,从而获得植被荒漠化的早期预警信号,为植被系统的保护和荒漠化防治提供理论参考和决策依据。

1.2 国内外研究现状

本节从 3 个方面总结国内外研究现状,首先介绍基于反应扩散方程的植被斑图形成机理的相关研究;其次给出植被斑图对应的生物功能研究现状;最后展示气候变化对植被斑图演化的影响。

1.2.1 基于反应扩散方程的植被斑图形成机制研究

相比传统的常微分方程(ordinary differential equation,ODE)植被模型,研究具有空间效应的植被系统斑图动力学既能考虑环境的异质性对植被的空间分布的影响,又能够通过数学分析研究植被(种子)在空间中的扩散速度问题。基于反应扩散方程的植被系统能够很好地表征植被的时空演化过程,进而找到植被斑图的形成机理。以下为几类基于反应扩散方程的植被斑图的形成机理。

在干旱半干旱地区,水资源在植被生长中起着决定性的作用。1999 年,Klausmeier 提出了一个二变量植被-水反应扩散模型:

$$
\begin{cases}
\dfrac{\partial N}{\partial T} = RJWN^2 - MN + D\left(\dfrac{\partial^2}{\partial X^2} + \dfrac{\partial^2}{\partial Y^2}\right) N \\[2mm]
\dfrac{\partial W}{\partial T} = A - LW - RWN^2 + V\dfrac{\partial W}{\partial X}
\end{cases}
\tag{1.1}
$$

其中,N 表示植被生物量,W 表示水密度,R 表示植被吸收水分的速率,J 表示将水分转为自身生长的转换系数,A 表示降水速率,L 表示因蒸发引起的水分流失的速率,M 表示植被的自然死亡率,D 表示植被扩散速率,T 表示时间,V 表示因坡度引起的水流径量,$\dfrac{\partial^2}{\partial X^2} + \dfrac{\partial^2}{\partial Y^2}$ 为拉普拉斯算子(Laplace Operator)。研究结果表明,图灵不稳定性导致了规则斑图的形成,但当考虑地形变化时,就会出现不规则的斑图。该模型得到了非线性机制是决定植物群落空间结构的重要机制的结论。一些研究还讨论了坡度对植被斑图的影响。HilleRisLambers 等人在模型(1.1)的基础上将水分为地下水和地表水,建立了三变量反应扩散系统。以下为植被斑图形成的 4 种反馈机制。

(1)吸收反馈

吸收反馈是指由植物根部对其周围的水分的吸收而引起的植被与水之间的反馈,该反馈是一种负反馈。土壤水在任一给定位置的损耗都是因为在其他位置的植被根系延伸到这一位置造成的。此反馈可由积分项 $G_w(x,t)$ 来描述:

$$G_w(x,t) = a \int_{\Omega} g(x,y,t) N(x,t) \mathrm{d}y$$

其中,$G_w(x,t)$ 表示植被根部对水分的吸收率,$N(x,t)$ 表示 x 位置 t 时刻的植被密度,a 表示单位植被生物量对水分的吸收速率,$g(x,y,t)$ 表示 x 位置的植被根系延伸至 y 位置吸收水资源的概率。

(2)渗透反馈

在干旱半干旱地区,降雨量较少,降雨时间短且阵雨居多。在这样的气候背景下,该地区的土壤表层会形成结皮,在很大程度上阻碍地表水的渗入,进而影响植被的生长。在植被生长较旺盛的区域,植被的遮阳效应和根系的扩张,导致该区域土质疏松,出现结皮的概率较低,进而有利于地表水的渗入;在植被密度较低的区域,土壤表层会形成结皮,会阻碍地表水的渗入。这种渗透差使得地表水从植被密度低的区域流向密度高的区域。植被密度越高,地表水的渗透力就越强,使得土壤水的密度就越高,植被根部伸展得越快,进而会促进地表水的渗入。综上所述,渗透反馈机制是存在于植被与水之间的一种正反馈机制。

在建模过程中,渗透反馈机制主要通过地表水的渗透率 P 来体现:

$$P = A \frac{B + Cf}{B + C}, \quad 0 \leqslant f \leqslant 1$$

其中,B 表示植被生物量,A 表示渗透比率的最大值,C 反映渗透率达到最大值的快慢,f 反映渗透差的大小。当 f 等于 1 时,渗透率等于 A,渗透率的值与植被生物量是没有关系的,此时无渗透反馈;当 f 远小于 1 时,在植被密度很大的区域(B 值较大),渗透率接近于最大值 A。在裸地区域($B=0$),渗透率 $P=Af \leqslant A$。该区域的地表水形成了很强的渗透差,即渗透反馈很强。

(3) 根延展反馈

随着植被生物量的增长,植被的根系也会增长并向侧面延伸到新的位置,在新的位置吸收资源,进而促进植被的生长。根延展反馈是一种正反馈机制。

根延展反馈一般可以通过具有非线性和非局部形式的植被生物量增长率进行描述:

$$G_B(x,t) = \upsilon \lambda \int_\Omega g(x,y,t) f[w(y,t)] \mathrm{d}y$$

$$g(x,y,t) = \frac{1}{2\pi\delta^2} \exp\left[-\frac{|x-y|^2}{2[\delta(1+\eta B(x,t))]^2} \right]$$

其中,υ 表示能量转换率,$f[w(y,t)]$ 是 $w(y,t)$ 的非线性函数,这里 $w(y,t)$ 表示 y 位置 t 时刻的土壤含水量,λ 表示平均消耗一单位的土壤水所增加的植物生物量,$B(x,t)$ 表示 x 位置 t 时刻植被生物量,$g(x,y,t)$ 可以描述植被根系的发达程度。

由上式可知,植被生物量的增加同时取决于植被当前位置(x 位置)和其附近根系所达到的位置(y 位置)的土壤含水量。函数 $\delta(1+\eta B(x,t))$ 反映了植被的根延展反馈,η 量化了植被生物量的增加对其根系的延展程度的影响,η 值越大,则对应的反馈强度就越大。

(4) 土壤水扩散反馈

土壤水扩散反馈是一种正反馈,它是植被根部对当前位置水分的吸收,使得该位置的水浓度降低,与周围其他位置的水形成了浓度差,进而导致周围的水向植被所在的位置流动,水的流动形式是从高密度区域向低密度区域的定向流动。在干旱半干旱地区,植被根系对水资源的吸收会产生竞争作用。为了模

拟这种竞争作用,von Hardenberg 等研究了一类带有土壤水扩散模型:

$$
\begin{cases}
\dfrac{\partial N}{\partial T} = \dfrac{\gamma W}{1 + \sigma W} N - N^2 - \mu N + \nabla^2 N \\[3mm]
\dfrac{\partial W}{\partial T} = P - (1 - \rho N) W - WN^2 + \delta \nabla^2 (W - \beta N) - V \dfrac{\partial (W - \alpha N)}{\partial X}
\end{cases}
\tag{1.2}
$$

其中,$\nabla^2(W-\beta N)$ 表示植被根部水的浓度差异导致水的定向流动,称为土壤水扩散反馈机制,β 体现了土壤水扩散的强度。$\nabla^2(W-\beta N)$ 的推导:运用达西定律模拟水在土壤中的流动,即水的流量 J 与土壤基质势 ϕ 成正比。水资源的流动能够引发水量的改变,满足关系:$-\nabla \cdot J \propto \nabla^2 \cdot \phi$。为简单起见,假定植被对水分的吸收满足:$\phi = \phi_0 - \beta N$,这里 $\phi_0 = W$ 为裸土的基质势。综上所述,$\nabla^2(W-\beta N)$ 描述了植被根系对水资源扩散的影响。模型(1.2)研究表明,土壤水反馈强度 β 能够引起斑图结构的改变。

此外,常见的反馈机制还有遮阳反馈:植被斑块蒸发减少,生物量与土壤水之间呈正反馈。

以上是植被常见的几种反馈机制,具体表达形式见参考文献[36]。在干旱半干旱地区,由于水资源的缺乏,植被根部通过非局部相互作用来争夺水分促进其自身生长。非局部相互作用机制和非局部扩散机制为两种常见的非局部效应。Martínez-García 等研究了带有非局部相互作用机制的植被模型:

$$
\frac{\partial N}{\partial T} = N(x,t) \left[1 - \frac{N(x,t)}{K} \right] - \Omega \int G_a(\,|\,x - x'\,|\,) N(x',t) \mathrm{d}x' + D \nabla^2 N(x,t)
$$

$$
\tag{1.3}
$$

其中,$\int G_a(\,|\,x - x'\,|\,) N(x',t) \mathrm{d}x'$ 表示只在竞争作用下,x 位置附近的平均植被密度 $G(x)$ 是一个核函数,K 是承载力。研究表明,在广义的条件下,仅植被间的非局部竞争作用就可以诱导斑图的产生。植被生长过程中种子可以通过移动进行长距离的扩散,这种扩散称为非局部扩散。Bennett 和 Sherratt 研究了一类带有种子扩散的反应扩散模型,称为"非局部 Klausmeier 模型":

$$\begin{cases} \dfrac{\partial N}{\partial T} = N^2 W - BN + C(1 - N) \\[3mm] \dfrac{\partial W}{\partial T} = A - W - N^2 W + V\dfrac{\partial W}{\partial X} + \mathrm{d}\dfrac{\partial^2 W}{\partial X^2} \end{cases}$$

这里，$I(x,t) = (\phi^* N)(x,t) = \displaystyle\int_{-\infty}^{+\infty} \phi(x - y)N(y,t)\,\mathrm{d}y$，该积分表示种子长距离扩散的强度。其中 $\phi(x)$ 是一个概率密度函数，描述了种子传播距离的分布。研究发现，长距离的种子传播即使以非常缓慢的迁移速度也可以形成斑图，且由于降雨的减少，斑图的恢复力可能会因种子传播速度和传播核的宽度而发生显著变化。此外，Fuentes 等人还构建了一个具有非局部效应的种群动态模型。Mogilner 等人采用含有卷积的反应扩散方程研究了蜂群的非局部相互作用。研究结果表明，当扩散项引入密度依赖时，模型会出现局部稳定的行波解。

在上一节中介绍了植被吸收水分是一个非局部的过程，而且需要通过一定的时间将周围的水分吸收到当前位置，这个过程称为非局部时滞过程，它可以被看作一个特殊的非局部过程。在模型中引入非局部时滞项更具现实意义。目前，关于非局部时滞的反应扩散方程研究已有很多，如对模型稳定性和分支的研究以及对行波解的研究。此外，带有非局部时滞作用的植被模型还可以应用到传染病等其他研究领域。但目前关于带有非局部时滞作用的植被模型斑图动力学的研究工作较少，本书第 3 章将对这方面的相关工作给予详细的阐述。

尺度依赖机制具体来讲就是"长距离抑制、短距离促进"机制，是正反馈与负反馈的结合，是在植被生态系统尤其是干旱半干旱地区普遍存在的一种机制。D'Odorico 等建立了一个简单的促进-竞争模型，用以展示这些空间相互作用如何增加旱地生态系统的生产力。Zaytseva 等人提出了一个含有短程促进、长程抑制的非局部时滞项的数学模型来模拟草-沙的动力学过程，非局部时滞项用一个 Mexican-hat 核函数来表示。该研究推导出空间斑图产生的条件，发现了 Mexican-hat 核函数的宽度和振幅对斑图产生的影响。在生态系统中，这种尺度依赖的反馈被认为可以解释贻贝床、珊瑚和牡蛎礁、泥滩和其他生态系统的斑图形成。但在关于促进和竞争机制中哪种机制起主导作用,目前研究甚少。对植被斑图形成的主导机制进行更深入的探讨是一项有意义的工作。

　　此外,关于植被斑图的其他形成机制还有一些研究。例如,Borgogno 等人研究了各种植被模型的确定性和随机机制,研究表明空间动力学能够破坏系统的均匀状态。该结论可以用于解释自组织模式和噪声诱导机制。植被斑图的形成机制是尺度依赖机制,同时受到"生态系统工程师"白蚁的影响。Koppel 等人研究了泥土量与植被的正反馈对植被系统崩溃的关系,发现小时间尺度上,正反馈可以增加植被系统的稳定性,而大时间尺度上,正反馈会诱导植被系统失稳。Sherratt 等人对半干旱环境中条纹状植被的非线性动力学和斑图分支进行了分析研究,给出了产生条纹状植被斑图的精确条件,得到了波长的公式和斑图移动的速度,并系统地研究了波长和斑图移动速度对系统中参数的依赖性。Aguiar 等人对干旱生态系统高覆盖斑块和低覆盖斑块进行研究,证实了带状植被系统和点状植被系统起源机制相同,但驱动因素不同。

1.2.2　植被斑图对应的生态学功能研究现状

　　目前,植被斑图结构与功能的对应关系已有一些相关的研究。Kéfi 等人基于植被空间系统及西班牙、摩洛哥和希腊地中海生态系统数据得到结论:植被斑图空间分布遵从幂率法则,而放牧量增加会导致植被斑图的相变,斑图空间分布会偏离该幂率法则,进而导致植被系统向荒漠化过渡,且斑块大小分布可能是荒漠化发生的一个预警信号。Rietkerk 等人指出了生态系统可能发生突然灾难性变化的原因是生态系统所处状态的正反馈和双稳定性,从而将自组织斑块与生态系统状态之间的灾难性转移联系起来。Scheffer 等人在研究中发现,恢复力对荒漠化转变有着巨大的影响。可持续管理生态系统应更加侧重于保持生态系统恢复力。Pascual 等人指出生态临界涉及干扰和恢复的过程,按空间和时间尺度区分了 3 种临界系统,即经典相变、自组织临界和稳健临界,并得到结论:在临界系统中,只有给出扰动和恢复本身的空间和时间尺度,斑块的空间性质才可以指示即将发生的突然变化。关于临界值的变化在其他领域有相关的研究,"吸引域大小"可以作为系统鲁棒性的指标。此外,地形条件,如坡度对斑图的结构也有一定的影响。以上都是关于生态系统结构与对应功能的一些研究,但结构如何决定功能还不清楚,目前国内外的相关研究比较少。

1.2.3　气候变化对植被斑图演化的影响研究

近几十年全球气候变化显著,极端天气气候事件增多,全球很多地区出现了"干更干、湿更湿"的两极分化现象,生态系统面临着破坏性的影响,特别是干旱半干旱地区的生态系统面临着很大的挑战。以植被系统为切入点,研究气候变化对植被系统的影响以及气候变化如何影响植被系统的脆弱性和多样性显得尤为重要。植被的生理作用分为光合作用和呼吸作用,影响这两大作用的主要因素是温度、降雨、光照以及 CO_2 浓度。目前,关于气候变化对植被的影响已有一些研究。Kéfi 等人将部分气候因素耦合到植被-水模型中,研究了气候因子变化对植被斑图的影响,模型如下:

$$
\begin{cases}
\dfrac{\partial P}{\partial t} = c\alpha_1 g_{CO_2} \dfrac{W}{W+k_1} P - R_{esp} P + D_N \nabla^2 P \\[3mm]
\dfrac{\partial W}{\partial t} = \alpha O \dfrac{P+k_2 W_0}{P+k_2} - \alpha_1 g_{CO_2} \gamma \dfrac{W}{W+k_1} qP - r_w W + D_W \nabla^2 W \\[3mm]
\dfrac{\partial O}{\partial t} = R - \alpha O \dfrac{P+k_2 W_0}{P+k_2} D_O \nabla^2 O
\end{cases}
$$

其中,P、W 和 O 分别表示植被、地表水和地下水。该工作将 CO_2 浓度、温度、日平均降雨、水分最大渗透速率等现实因素耦合到模型中,研究揭示了在未来的气候情景下,植被的生长取决于 CO_2 浓度和降雨的正反馈作用与温度升高的负反馈作用之间的协同。Huang 等人通过对全球干旱半干旱地区气候变化的研究,发现人类活动对气候变化的影响趋势。研究表明,干旱程度增加和气候变暖会加剧荒漠化的风险。Overpeck 等人发现全球变暖加大了对森林的扰动,且气候引起的干扰反过来显著改变了森林的总生物量。Peng 等人通过偏相关分析,发现北半球湿冷地区和干燥地区的日最高温度与 NDVI 的相关性不同,研究表明,不对称的日变暖过程导致了北半球植被生长对气温变化有不同的响应。Brandt 等人发现某些干旱地区的降雨对不同的植被类型(草本植物和木本植物)的生长有着不同的影响。

综上所述,气候变化对植被系统有较大的影响,尤其是干旱半干旱地区。根据现实数据将气候因子耦合到植被模型中,并借助第六次国际耦合模式比较计划(CMIP6)对植被未来的生长和分布进行预测具有很大的实际意义。本书以内蒙古包头地区和青海湖地区为例,先建立耦合气候要素的植被时空动力学模型,再进行数学分析,并结合实际数据模拟不同气候因子对植被斑图的影响,预测植被的未来发展趋势,此详细内容将在第 5 章阐述。

1.3 预备知识及研究方法

1.3.1 反应扩散方程和非局部时滞项的推导

首先对反应扩散方程进行推导。假设个体在 t 时刻 x 位置的概率为 $p(x, t)$,将时间和空间进行离散,空间步长取为 Δx,时间步长取为 Δt,假设个体在直线上只能向左右移动,向右移动的概率为 α,向左移动的概率为 $1-\alpha$,则在 $t+\Delta t$ 时刻种群个体在位置 x 的概率可表示为

$$p(x, t + \Delta t) = \alpha p(x - \Delta x, t) + (1 - \alpha) p(x + \Delta x, t)$$

上式两边同时减去 $p(x, t)$ 再除以 Δt,有

$$\frac{p(x, t + \Delta t) - p(x, t)}{\Delta t} = \frac{1}{2\Delta t} \left[p(x - \Delta x, t) - 2p(x, t) + p(x + \Delta x, t) \right] +$$

$$\frac{\left(\dfrac{1}{2}-\alpha\right)}{\Delta t}\Big[\,p(x+\Delta x,t)-p(x-\Delta x,t)\,\Big] \tag{1.4}$$

式(1.4)可变形为

$$\frac{p(x,t+\Delta t)-p(x,t)}{\Delta t}=\frac{(\Delta x)^2}{2\Delta t}\Bigg[\frac{p(x-\Delta x,t)-2p(x,t)+p(x+\Delta x,t)}{(\Delta x)^2}\Bigg]+$$

$$\frac{2\left(\dfrac{1}{2}-\alpha\right)\Delta x}{\Delta t}\Bigg[\frac{p(x+\Delta x,t)-p(x-\Delta x,t)}{2\Delta x}\Bigg] \tag{1.5}$$

假设 Δt 和 Δx 具有相关性,当 $\Delta t \to 0$ 时,对式(1.5)两端取极限可得

$$\frac{\partial p}{\partial t}=D\frac{\partial^2 p}{\partial x^2}$$

其中,$D=\lim\limits_{\Delta t\to 0}\dfrac{(\Delta x)^2}{2\Delta t}$,$v=\lim\limits_{\Delta t\to 0}\dfrac{2\left(\dfrac{1}{2}-\alpha\right)\Delta x}{\Delta t}$,$D$ 表示扩散系数,v 和 D 的单位分别为 距离/时间和距离²/时间。若 $\alpha=1/2$(即左右移动的概率相等),可得基于随机扩散的模型:

$$\frac{\partial p}{\partial t}=D\frac{\partial^2 p}{\partial x^2}$$

为了将植被生态系统和种群的增长结合起来,需要加入反应项,假设植被 $N(x,t)$ 和水 $W(x,t)$ 的每个个体是空间非均匀分布的,个体的移动是随机游走的,在不考虑初边值条件下,可得经典的一维反应扩散植被-水动力学模型:

$$\begin{cases}\dfrac{\partial N}{\partial t}=f(N,W)+D_N\dfrac{\partial^2 N}{\partial x^2}\\[2mm]\dfrac{\partial W}{\partial t}=g(N,W)+D_W\dfrac{\partial^2 W}{\partial x^2}\end{cases}$$

其中,$f(N,W)$ 和 $g(N,W)$ 表示反应项。

以下对二维空间中个体遵循随机游走的非局部时滞项进行详细推导:

$$\int_{\mathbb{R}^2} \int_{-\infty}^{t} K(x-y,t-s) W(y,s) \, \mathrm{d}s \mathrm{d}y$$

对 x 位置 t 时刻的个体,设在 s 时刻个体位于 y 位置,且经过 $t-s$ 时间到达 x 位置;假设个体在 t 时刻位于 x 位置已知的前提下,个体在 s 时刻位于 y 位置的条件概率服从高斯分布:

$$P(s \text{ 时刻在 } y \text{ 位置} \mid t \text{ 时刻在 } x \text{ 位置}) = \frac{1}{4\pi(t-s)} \exp\left(-\frac{|x-y|^2}{4(t-s)}\right)$$

从 y 位置来到 x 位置的土壤水的数量与 s 时刻位于 y 位置的土壤水的数量成正比,表示为

$$P(s \text{ 时刻在 } y \text{ 位置} \mid t \text{ 时刻在 } x \text{ 位置}) W(y,s) f(t-s) \Delta s \Delta y$$

其中,$f(t-s)$ 称为时滞核,表示个体从 y 位置移动到 x 位置所经历时长 $t-s$ 的权重函数。最常用的两种时滞核函数有弱时滞核 $f(t) = \dfrac{1}{\tau} \mathrm{e}^{-\frac{t}{\tau}}$ 和强时滞核 $f(t) = \dfrac{1}{\tau^2} \mathrm{e}^{-\frac{t}{\tau}}$。本书中第 3 章比较了强时滞核和弱时滞核在数学和生物学意义上的区别。

若记

$$K(x,t) = \frac{1}{4\pi t} \mathrm{e}^{-\frac{|x|^2}{4t}} f(t) = \frac{1}{4\pi t} \mathrm{e}^{-\frac{|x|^2}{4t}} \frac{1}{\tau} \mathrm{e}^{-\frac{t}{\tau}}$$

则称 $K(x,t)$ 为核函数。$K(x-y,t-s)$ 表示 s 时刻 y 位置的土壤水对 t 时刻 x 位置的植被生物量的影响,从 y 位置移动到 x 位置需要的时间是 $t-s$。可得,在 t 时刻之前所有可能的位置来到当前位置的土壤水的数量为

$$\int_{\mathbb{R}^2} \int_{-\infty}^{t} P(s \text{ 时刻在 } y \text{ 位置} \mid t \text{ 时刻在 } x \text{ 位置}) W(y,s) f(t-s) \, \mathrm{d}s \mathrm{d}y$$

$$= \int_{\mathbb{R}^2} \int_{-\infty}^{t} \frac{1}{4\pi(t-s)} \exp\left(-\frac{|x-y|^2}{4(t-s)}\right) f(t-s) W(y,s) \, \mathrm{d}s \mathrm{d}y$$

$$= \int_{\mathbb{R}^2} \int_{-\infty}^{t} K(x-y,t-s) W(y,s) \, \mathrm{d}s \mathrm{d}y$$

1.3.2 动力系统的相关理论

定义 1.1 动力系统可由三元组 $\{T, X, \phi^t\}$ 来表示,其中,T 为时间集,X 为状态空间,$\phi^t: X \to X$ 是由 $t \in \mathbb{R}$ 参数化且满足性质 $\phi^0 = id$ 和 $\phi^{t+s} = \phi^t \circ \phi^s$ 的发展算子族。

定义 1.2 点 $x^0 \in X$ 称为平衡点,若对所有的 $t \in T$,有 $\phi^t x^0 = x^0$。环是一个周期闭轨,即一条非平衡点轨道 L_0,使得它上面的每一个点 $x_0 \in L_0$,对某个 $T_0 > 0$ 及一切 $t > T$ 都满足 $\phi^{t+T_0} x_0 = \phi^t x_0$。这里,称具有上述性质的最小 T_0 为环 L_0 的周期。对连续时间动力系统的一个环,若它的邻域内没有其他环,则称为极限环。

给出以下一般的平面系统:

$$\begin{cases} x_1 = M(x_1, x_2) \\ x_2 = N(x_1, x_2) \end{cases} \tag{1.6}$$

其中,函数 M, N 为解析函数,J 为该系统的雅可比矩阵,则有

$$J = \frac{\partial(M, N)}{\partial(x_1, x_2)} = \left. \begin{pmatrix} \dfrac{\partial M}{\partial x_1} & \dfrac{\partial M}{\partial x_2} \\[2mm] \dfrac{\partial N}{\partial x_1} & \dfrac{\partial N}{\partial x_2} \end{pmatrix} \right|_{(x_{10}, x_{20})}$$

这里 (x_{10}, x_{20}) 是系统(1.6)的平衡点,$|J|$ 和 $\mathrm{tr}(J)$ 分别表示雅可比矩阵的行列式和迹。

引理 1.1 当 (x_{10}, x_{20}) 为系统的双曲平衡点时,可得以下结论:

①若 $\mathrm{tr}^2(J) - 4|J| > 0$,当 $|J| > 0$,$\mathrm{tr}(J) < 0$ 时,平衡点是系统(1.6)的稳定结点;当 $|J| > 0$,$\mathrm{tr}(J) > 0$ 时,平衡点是不稳定结点。

②若 $\mathrm{tr}^2(J) - 4|J| < 0$,当 $|J| > 0$,$\mathrm{tr}(J) < 0$ 时,平衡点是系统(1.6)的稳定焦点;当 $|J| > 0$,$\mathrm{tr}(J) > 0$ 时,平衡点是不稳定焦点。

③当 $|J| < 0$ 时,平衡点是系统(1.6)的鞍点。

④当 $|J|>0$ 且 $\mathrm{tr}(J)=0$ 时，平衡点是系统(1.6)的中心。

设正整数 $k,n \geqslant 1$，Φ 是 $\mathbb{R}^{n}$ 中的有界闭区域，$\Psi(\Phi)$ 表示 Φ 上全体 C^{k} 向量场的集合。两个动力系统 $X,Y \in \Psi(\Phi)$，其对应的微分方程分别为

$$X:\frac{\mathrm{d}x}{\mathrm{d}t}=f(x)，Y:\frac{\mathrm{d}x}{\mathrm{d}t}=g(x)$$

其中 $x \in \Phi \subset \mathbb{R}^{n}$；$f,g \in C^{k}(\Phi)$。

定义 1.3　分支现象就是结构不稳定系统在扰动下轨线拓扑结构所发生的变化。考虑系统族 $X_{\mu} \in \Psi(\Phi)$，其中，$x \in \Phi \subset \mathbb{R}^{n}$，$\mu \in \Omega \subset \mathbb{R}^{k}$，$\Phi$ 和 Ω 为紧致集合。若 X_{μ_0} 结构不稳定，则称 μ_0 为一个分支值。所有分支值在 $\mathbb{R}^{k}$ 中组成的图形称为分支图。

定义 1.4　方程 $\dot{x}=f(x)$，$x \in \mathbb{R}^{n}$ 是连续时间动力系统，其中 f 光滑，假设 $x_0=0$ 为该系统的平衡点，A 为 x_0 处的雅可比矩阵，矩阵 A 的特征值中具有正实部、零实部、负实部的个数分别为 n_{+},n_{0},n_{-}。若有 $n_0=0$，则称该平衡点是双曲的。若 $n_0 \neq 0$，则称平衡点是非双曲的。

1.3.3　图灵斑图和稳态斑图的相关理论

斑图指的是在时间或者空间上具有一定规律性的非均匀宏观结构。这里主要介绍图灵斑图和稳态斑图。这两种斑图结构的特征是时间上稳定，空间上周期振荡。

(1)图灵斑图

以下为图灵斑图的产生条件。以一般的反应扩散方程为例，有

$$\begin{cases} \dfrac{\partial X}{\partial t}=f(X,Y,\phi)+D_{X}\nabla^{2}X \\[2mm] \dfrac{\partial Y}{\partial t}=g(X,Y,\phi)+D_{Y}\nabla^{2}Y \end{cases} \quad (1.7)$$

其中，X,Y 是该反应扩散方程的自变量，ϕ 表示控制参量的全体，D_{X},D_{Y} 表示反

应物 X 和 Y 的扩散系数。该系统有唯一的稳态解 (X_0, Y_0)，对此稳态解作一微小扰动，令 $X = X^* + \varepsilon \overline{X}, Y = Y^* + \varepsilon \overline{Y}$，将该扰动代入系统 (1.7) 中，对反应项进行泰勒展开并舍去高阶项，得到以下线性微扰方程：

$$\begin{cases} \dfrac{\partial X}{\partial t} = a_{11}X + a_{12}Y + D_X \nabla^2 X \\[3mm] \dfrac{\partial Y}{\partial t} = a_{21}Y + a_{22}Y + D_Y \nabla^2 Y \end{cases} \tag{1.8}$$

将微扰变量 X, Y 在傅里叶空间上进行展开，令

$$\begin{pmatrix} X \\ Y \end{pmatrix} = \sum_k \begin{pmatrix} C_k^1 \\ C_k^2 \end{pmatrix} \mathrm{e}^{\lambda t + i k \cdot r}$$

其中，$\boldsymbol{r} = (X, Y)$，$\boldsymbol{k} = (\boldsymbol{k}_X, \boldsymbol{k}_Y)$

将上式代入方程 (1.8) 中，可得到以下特征方程：

$$\begin{pmatrix} \lambda - a_{11} + k^2 D_X & -a_{12} \\ -a_{21} & \lambda - a_{22} + k^2 D_Y \end{pmatrix} \begin{pmatrix} C_k^1 \\ C_k^2 \end{pmatrix} = \begin{pmatrix} 0 \\ 0 \end{pmatrix} \tag{1.9}$$

这里，$k^2 = k_X^2 + k_Y^2$

通过对式 (1.9) 色散方程：

$$\lambda^2 - \mathrm{tr}_k \lambda + \Delta_k = 0 \tag{1.10}$$

其中，

$$\mathrm{tr}_k = a_{11} + a_{22} - k^2 (D_X + D_Y)$$

$$\Delta_k = a_{11}a_{22} - a_{21}a_{12} - k^2(a_{11}D_Y + a_{22}D_X) + k^4 D_X D_Y$$

图灵斑图产生的条件是系统 (1.7) 在没有扩散时的稳态解是稳定的，如果存在扩散，则系统不稳定。特征方程 (1.10) 必须至少含有一个正特征值或实部为正的复特征值，即满足条件：

当 $k \neq 0$ 时，$\Delta_k < 0$ 或 $\mathrm{tr}_k(\lambda) > 0$

当 $k = 0$ 时，$\Delta_k > 0$ 或 $\mathrm{tr}_k(\lambda) < 0$

（2）稳态斑图

分析系统

$$\frac{\mathrm{d}\nu}{\mathrm{d}t} = G(\beta, \nu) \tag{1.11}$$

稳态分支关注的是 $G(\beta, \nu) = 0$ 在解 (β^*, ν^*) 附近的解集结构,这里 β 为分支参数,(β^*, ν^*) 称为稳态分支点。该系统的稳态方程为

$$G(\beta, \nu) = 0$$

以下为发生稳态分支的条件:

$$\mathrm{tr}A(\beta^*) \neq 0, \det A(\beta^*) = 0, \det A'(\beta^*) \neq 0$$

这里 A 是系统(1.11)矩阵。需要指出的是,稳态分支主要分析的是稳态方程的非常数稳态解的结构。

1）单特征值情形

利用 Crandall-Rabinowitz(1971)的定理 1.7 来分析系统(1.11)的局部分支。该定理如下:

①$G_\beta, G_\nu, G_{\beta\nu}$ 存在且连续。

②$\dim \ker G_\nu(\beta, \nu^*) = \mathrm{codim} R(G_\nu(\beta, \nu^*)) = 1$。

③$G_{\beta\nu}(\beta, \nu^*)\Psi \notin R(G_\nu(\beta, \nu^*))$,其中 $\Phi \in \ker G_\nu(\beta, \nu^*)$,则对充分小的 $|s|$,$G(\beta, \nu) = 0$ 在 (β^*, ν^*) 邻域内的解由 $\nu = \nu^*$ 和 $\{\beta(s), \nu(s)\}$ 共同构成,这里 $\nu(s) = \nu^* + s\Psi + o(s^2), \beta(0) = \beta^*$。

2）双特征值情形

利用隐函数定理和空间分解方法来分析系统(1.11)的局部分支。首先将变量平移到坐标原点,此时可以将函数 $G(\beta, \nu^*)$ 改写为新的函数 $\widetilde{G}(\beta, \widetilde{\nu}^*)$;其次对变量空间进行分解;最后通过隐函数定理寻找 $\widetilde{G}(\beta, \widetilde{\nu}^*) = 0$ 具有一定结构的非常数解。

1.3.4　抛物型方程的相关理论

引理 1.2　（初边值问题的比较原理）考虑以下系统：

$$\begin{cases} u_t + L_t u = f(x,t,u), & (x,t) \in Q_T \\ B_t u = g(x,t), & (x,t) \in \Sigma_T \\ u(x,0) = \phi(x), & x \in \mathbb{R} \end{cases}$$

其中，$L_t u = \sum\limits_{i,j=1}^{n} a_{i,j}(x,t,u) u_{i,j} + \sum\limits_{i}^{n} b_i(x,t) u_i, B_t u = a\dfrac{\partial u}{\partial n} + b(x,t)u, a,b \geqslant 0, a+b > 0$。$\Omega \subset \mathbb{R}$ 是有界光滑区域，$Q_T = \Omega \times (0,T), \Sigma_T = \partial\Omega \times (0,T)$。

假设 $u,v \in C^{2,1}(Q_T) \cap C(\overline{Q_T})$，有以下不等式成立：

$$\begin{cases} u_t + L_t u - f(x,t,u) \geqslant v_t + L_t v - f(x,t,v), & (x,t) \in Q_T \\ B_t u \geqslant B_t v, & (x,t) \in \Sigma_T \\ u(x,0) \geqslant v(x,0), & x \in \Omega \end{cases}$$

此外，假设 $(x,t) \in \overline{Q_T}, u,v \in [m,M]$，则有 $u(x,t) \geqslant v(x,t), (x,t) \in Q_T$。若 $u(x,0) \not\equiv v(x,0), x \in \Omega$，则 $u(x,t) > v(x,t), (x,t) \in Q_T$。

引理 1.3　（初值问题的比较原理）假设 $b(x,t), c(x,t)$ 在 $\overline{Q_T}$ 有界，$g \in C^1[m,M]$，且当 $(x,t) \in \overline{Q_T}$ 时有 $m \leqslant u, v \leqslant M$。若满足：

$$\begin{cases} u_t - u_{xx} - b(x,t)u_x - f(u) \geqslant v_t - v_{xx} - b(x,t)v_x - f(v), & (x,t) \in Q_T \\ u(x,0) \geqslant v(x,0), & x \in \mathbb{R} \end{cases}$$

则有 $u(x,t) \geqslant v(x,t), (x,t) \in \overline{Q_T}$。若有 $u(x,0) \not\equiv v(x,0)$，则 $u(x,t) > v(x,t), (x,t) \in Q_T$。

定义 1.5　（拟单调）抛物型方程的初边值问题为

$$\begin{cases} u_{it} + L_i u_i = f_i(x,t,u_1,\cdots,u_m), & (x,t) \in Q_T \\ B_i u_i = g_i(x,t), & (x,t) \in \Sigma_T \\ u_i(x,0) = \phi_i(x), & x \in \mathbb{R} \\ i = 1,\cdots,m \end{cases}$$

若 $i \in \{1, 2, \cdots, m\}$, f_i 关于每个 $u_j (j \neq i)$ 是单调增或减,则称 f_i 是拟单调增或减的。

1.4 主要研究内容

本书主要研究干旱半干旱地区植被的非局部相互作用机制以及植被斑图所对应的功能。针对植被反应扩散方程,利用时空分离、标准多重标度分析和图灵理论得到动力学的振幅方程,进而获得植被系统参数对应的斑图结构。同时,分析不同类型斑图的产生机制,发现新的稳态斑图结构;研究带有非局部时滞和记忆效应的植被斑图动力学;以包头地区和青海湖地区为研究区域,借助反应扩散方程建立气候-植被系统耦合动力学模型,揭示植被系统斑图与气候变化的内在关系。具体研究内容如下:

第 1 章介绍本书的研究背景和研究意义,阐述国内外研究现状,并给出了本书所需的预备知识和研究方法。

第 2 章建立一类带有非局部相互作用的植被-水反应扩散模型:

$$\begin{cases} \dfrac{\partial N}{\partial T} = RJWN^2 - HN + \alpha N(x) \int_{-\infty}^{+\infty} V(x-y)N(y)\,\mathrm{d}y + D_1 N_{xx} \\[2mm] \dfrac{\partial W}{\partial T} = A - LW - RWN^2 + U\dfrac{\partial W}{\partial X} + D_2 W_{xx} \\[2mm] N(x,0) = N_0(x,0) \geqslant 0, W(x,0) = W_0(x,0) \geqslant 0 \end{cases}$$

数学分析得到稳态斑图产生的条件。数值模拟发现,在相同的空间位置上,由于水的运输机制,植被密度与水密度呈反向位同步关系。结果表明,植被间相互作用强度和核函数的形状是导致植被斑图结构发生转变的主要原因。同时,植被生物量随着相互作用强度的降低而增加。进一步,植被根系间的非局部相互作用是植被斑图形成的关键机制,为植被的保护与恢复提供了理论依据。

第 3 章根据植被吸水的非局部相互作用,建立了一类具有非局部时滞植被模型,研究了非局部时滞对植被斑图结构的影响,分别研究了带有强核项和弱核项的非局部时滞作用。

带有强核项的非局部时滞植被动力学模型:

$$
\begin{cases}
\dfrac{\partial N}{\partial T} = FJN^2 \displaystyle\int_{\varPhi} \int_{-\infty}^{t} G(x_1,x_2,t-s)f(t-s)W(x_2,s)\mathrm{d}s\mathrm{d}x_2 - BN + D\Delta N \\[4mm]
\dfrac{\partial W}{\partial T} = R - IW - FN^2 \displaystyle\int_{\varPhi} \int_{-\infty}^{t} G(x_1,x_2,t-s)f(t-s)W(x_2,s)\mathrm{d}s\mathrm{d}x_2 + \overline{V}\dfrac{\partial W}{\partial X} + \overline{D}\Delta W \\[4mm]
\dfrac{\partial W}{\partial \boldsymbol{n}} = 0, \dfrac{\partial N}{\partial \boldsymbol{n}} = 0 \\[3mm]
N(x,0) = N_0, W(x,0) = W_0
\end{cases}
$$

首先,通过变换将此二变量模型转化为一个四变量模型,并证明这两个模型在渐近动力学性态方面是等价的;其次,利用非线性分析方法得到决定图灵斑图结构类型的振幅方程;最后,通过数值模拟,给出不同非局部相互作用强度下对应的植被斑图结构及其演化过程。数值结果表明,随着非局部相互作用强度的增加,植被斑图的隔离度增加,从而导致生态系统的稳定性降低。此外,随着水扩散系数的增加,植被斑图呈现条状斑图→混合斑图→点状斑图的变化趋势,预示着条状植被向裸地的转变。研究结果揭示了非局部效应强度和扩散系数对植被分布的影响,为植被研究提供了理论依据。

带有弱核项的非局部时滞植被动力学模型:

$$
\begin{cases}
\dfrac{\partial N}{\partial T} = RJ\dfrac{\alpha N^2}{1+\gamma W}\displaystyle\int_{-\infty}^{t}\int_{\varPhi} G(x,y,t-s)f(t-s)W(y,s)\mathrm{d}y\mathrm{d}s - MN + D_1\Delta N \\[4mm]
\dfrac{\partial W}{\partial T} = A - LW - R\dfrac{\alpha N^2}{1+\gamma W}\displaystyle\int_{-\infty}^{t}\int_{\varPhi} G(x,y,t-s)f(t-s)W(y,s)\mathrm{d}y\mathrm{d}s + + D_2\Delta W \\[4mm]
\dfrac{\partial W}{\partial \boldsymbol{n}} = 0, \dfrac{\partial N}{\partial \boldsymbol{n}} = 0
\end{cases}
$$

从数学上推导了该系统的等价系统并得到了产生图灵斑图的条件。数值模拟研究了非局部相互作用强度和功能反应系数对植被斑图的影响。结果表明,当非局部相互作用强度小于阈值时,随着非局部相互作用强度的增大,植被平均密度逐渐减小;反之,植被平均密度随非局部相互作用强度的增大而增大。随着非局部相互作用强度的逐渐增加,植被斑图由间隙状向点状结构转化,意味着植被生态系统的稳定性逐渐降低。此外,模拟结果验证了功能反应系数与平均植被密度呈正相关关系。

第 4 章建立了一类基于记忆效应的植食动物-植被模型:

$$\begin{cases} \dfrac{\partial H}{\partial t} = m\beta HP - kH + d_1\Delta H + d_2\mathrm{div}\left(H\nabla\int_{-\infty}^{t}\int_{\Omega}G(x,y,t-s)f(t-s)H(y,s)\mathrm{d}y\mathrm{d}s\right) \\[2mm] \dfrac{\partial P}{\partial t} = rP(1-P) - \beta HP + d_3\Delta P \\[2mm] \dfrac{\partial H}{\partial \boldsymbol{n}} = \dfrac{\partial P}{\partial \boldsymbol{n}} = 0 \end{cases}$$

该模型中记忆效应的时间分布函数用弱核项表示,表明记忆效应随时间的增加而减小,反映了空间记忆对位置的依赖。通过等价变换,将模型转化为三变量趋化模型。通过数学分析,得到了空间非齐次稳态解产生的条件,并通过稳态分支理论得到了空间非齐次稳态解的结构。通过数值模拟,验证了记忆扩散系数对植被密度的影响。结果表明,基于记忆效应的扩散系数与平均植被密度呈正相关关系。

第 5 章以典型的中国北方半干旱地区内蒙古包头地区和青海湖地区为研究对象,利用动力学模型,研究不同的气候要素对植被斑图结构的影响,并预测了植被的未来生长趋势。

对于包头地区,将气候因素(温度、降雨、CO_2 浓度)耦合到植被模型中,建立了植被-气候要素动力学模型:

$$\begin{cases} \dfrac{\partial N}{\partial t} = JRp_c\dfrac{W}{W+k}N^2 - R_{\mathrm{esp}}N - rN + D_1\Delta N \\[2mm] \dfrac{\partial W}{\partial t} = A - LW - R\gamma p_c\mu\dfrac{W}{W+k}N^2 + D_2\Delta W \end{cases}$$

利用该模型研究气候变化对该地区植被分布的影响。基于该地区过去 60

年的 CO_2 浓度、温度和降雨数据,分析了这些气候因素与植被密度之间的相关性,并预测了在不同的气候情景下,未来 100 年的植被生长情况。结果表明,降雨在植被生长中起着至关重要的作用,CO_2 浓度和降雨有利于植被的生长,温度的增加不利于植被的生长。当前情景下,植被荒漠化速度较快,SSP1-2.6 是植被生长较理想的气候情景。当前,SSP3-7.0 和 SSP5-8.5 三种情景下植被系统会发生灾难性的转变。此外,第 5 章给出了植被荒漠化评价指标,找到了荒漠化发生的阈值,进一步运用最优控制理论,为荒漠化防治提供理论依据。

对于青海湖地区,考虑植被的遮阳作用和气候变化对植被的影响,建立了一类耦合了气候要素和遮阳效应的植被-水动力学模型:

$$\begin{cases} \dfrac{\partial N}{\partial t} = JRg_{CO_2}WN^2 - R_{esp}N + D_N\Delta N \\ \dfrac{\partial W}{\partial t} = A - (1-\rho N)W - R\gamma g_{CO_2}qWN^2 + D_W\Delta W \end{cases}$$

应用该模型研究了温度、降雨和 CO_2 浓度对植被斑图的影响。模拟结果表明,随着降雨或 CO_2 浓度的增加,植被系统的稳健性增强,且植被的平均密度增加。气温上升不仅会导致点状结构的出现,还会降低植被的平均密度。RCP2.6 情景是青海湖地区较为理想的气候情景。在 RCP4.5 和 RCP8.5 情景下,植被系统会发生荒漠化。此外,模拟结果证明了最优控制方法在防治生态系统荒漠化方面的有效性。

第 6 章建立了一类具有交叉扩散的植被-水反应扩散模型的稀疏最优控制问题:

$$\begin{cases} \dfrac{\partial P}{\partial T} = JRWP^2 - MP + r_1P + D_1\Delta P \\ \dfrac{\partial W}{\partial T} = A - LW - RWP^2 + D_2\Delta(W - \beta_1 P) \end{cases}$$

利用分支理论研究了该模型产生图灵斑图的条件。该模型给出了一个可以刻画斑图结构与植被生态系统稳健性之间关系的定量指标,将人类活动作为控制函数通过最优控制手段形成给定的目标斑图结构。为此,该模型给出了稀疏最优控制问题的目标函数,通过数学分析首先对状态方程的解进行了先验估计,得到了一阶必要最优性条件,进而运用数值分析得到了数值最优解,并从控制效果、控制误差和控制成本等方面验证了该控制方法的合理性以及控制策略的有效性。

第 7 章总结全书的研究内容和结论,给出了本书的创新点,并指出了不足之处,探讨了未来要进行的研究工作。

第 2 章　具有非局部相互作用的 植被模型斑图动力学

　　植被的高度空间自组织能力是世界各地许多旱地景观的一个典型的特征，如澳大利亚、北美、西非等。植被斑图的出现最初归因于土壤异质性，后来通过分析和研究解释为：①资源再分配和植被之间建立相互作用的结果；②植被间促进-竞争作用；③土壤侵蚀和植被侵占导致的养分流失之间的反馈；④随机扰动机制下的噪声诱导效应等。很多学者认为植被的生长和有限的资源之间存在正反馈。Lefever 和 Lejeune 使用植被生物量建立了单变量的反应扩散模型，并将植被间的相互作用表达为"远程扩散"的过程。研究表明，远距离扩散能够生成斑图的原因是植被间的相互作用遵循"近距离促进，远距离抑制"的原则，这种作用也称为尺度依赖机制。

　　尺度依赖机制是在不同空间尺度上存在的正反馈和负反馈。在植被生态系统中体现为促进作用和抑制作用。促进作用是由于资源（如土壤湿度）和植被（植被冠层下由于遮阳或植被土壤具有较高的入渗能力而存在较高的土壤水分）之间的积极反馈；抑制作用是不同个体侧根系统之间的竞争。在干旱半干旱地区，由于资源的限制，植被间会存在短程促进和长程抑制的作用，因此将尺度依赖机制耦合到模型中更具实际意义，可以更准确地刻画植被的生长特征。很多研究表明，尺度依赖机制是形成植被斑图的重要机制之一。目前，有些研究只考虑了植被根部间的竞争作用，如 Martínez-García 等人提出了一个具有长距离竞争作用的植被动态模型。为了更好地揭示在既有促进作用又有抑制作用的植被模型中，植被根系之间的非局部相互作用对植被斑图形成的影响，本章对此进行了更深入的探讨。

　　本章结构如下:在 2.1 节中对植被-水动力学模型进行了推导;在 2.2 节中分析了近似系统的平衡点的稳定性,并得到了产生图灵斑图的条件;在 2.3 节中分析了空间非齐次稳态解的存在性;在 2.4 节中通过数值模拟验证并拓展了理论结果;2.5 节是本章内容小结。

2.1　模型构建

　　水资源是干旱半干旱地区植被生长的决定性制约因素。植被根部之间必然存在着某种相互作用:短距离促进,长距离抑制。用一积分项来刻画这种非局部相互作用:

$$\int_{-\infty}^{+\infty} V(x)N(x-y)\mathrm{d}y \tag{2.1}$$

注:这里考虑植被在一维空间上的生长。

　　基于模型(1.1),考虑植被间的非局部相互作用,构建以下模型:

$$\begin{cases} \dfrac{\partial N}{\partial T} = RJWN^2 - HN + \alpha N(x)\displaystyle\int_{-\infty}^{+\infty} V(x-y)N(y)\mathrm{d}y + D_1 N_{xx} & x,y \in \mathbb{R},t>0 \\[3mm] \dfrac{\partial W}{\partial T} = A - LW - RWN^2 + U\dfrac{\partial W}{\partial x} + D_2 W_{xx} & x \in \mathbb{R},t>0 \\[3mm] N(x,0)=N_0(x,0) \geq 0, W(x,0)=W_0(x,0) \geq 0 & x \in \mathbb{R} \end{cases} \tag{2.2}$$

其中,α 为植被间非局部相互作用强度,D_1 和 D_2 分别为植被和水的扩散速率,$V(x)$ 为核函数,表达式如下:

$$V(x) = \frac{1}{\sqrt{2\pi}}\left[\frac{1}{\sigma_1}\mathrm{e}^{-\frac{x^2}{2\sigma_1^2}} - \frac{1}{\sigma_2}\mathrm{e}^{-\frac{x^2}{2\sigma_2^2}}\right] \ (\sigma_1 < \sigma_2)$$

这里,σ_1^2 表示活化尺度,σ_2^2 表示抑制尺度。如图 2.1 所示为该核函数的图像,该图像表明当植被间的距离相对较短时 $V(x)$ 为正值;距离较长时 $V(x)$ 为负值。显然 $V(x)$ 是关于 x 的偶函数,且 $\int_{-\infty}^{+\infty} V(x)\mathrm{d}x = 0$。积分项 $\alpha N(x)\int_{-\infty}^{+\infty} V(x-y)N(y)\mathrm{d}y$ 表示 x 位置和 y 位置之间植被的促进-竞争关系。从图2.1可知,当 y 位置相对靠近 x 位置时,y 位置的植被与 x 位置的植被存在相互促进的关系;当 y 位置距离 x 位置较远时,y 位置的植被与 x 位置的植被存在竞争关系,从而抑制了植被的生长。

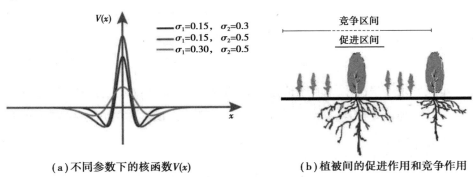

(a)不同参数下的核函数 $V(x)$ **(b)植被间的促进作用和竞争作用**

图2.1 植被相互作用示意图

从生态学意义上来讲,植被间的非局部相互作用发生在较小尺度上,可以推得函数 $V(x)$ 在 $x_0 = x$ 的泰勒展开式:

$$\int_{-\infty}^{+\infty} V(x-y)N(y)\mathrm{d}y = \int_{-\infty}^{+\infty} V(z)N(x-z)\mathrm{d}z$$

$$= \int_{-\infty}^{+\infty} V(z)\left[N(x) - z\frac{\partial N(x)}{\partial x} + \frac{z^2}{2!}\frac{\partial^2 N(x)}{\partial^2 x} - \frac{z^3}{3!}\frac{\partial^3 N(x)}{\partial^3 x} + \frac{z^4}{4!}\frac{\partial^4 N(x)}{\partial^4 x} + \cdots \right]\mathrm{d}z$$

令 $V_m = \dfrac{1}{m!}\int_{-\infty}^{+\infty} z^m V(z)\mathrm{d}z$,由于 V_m 是关于 z 的奇函数,当 m 是奇数时,有 $V_m = 0$,并且可以得到 $V_0 = \int_{-\infty}^{+\infty} V(z)\mathrm{d}z = 0$,因此,有 $V_0 = V_1 = V_3 = 0$,$V_2 = \dfrac{\sigma_1^2 - \sigma_2^2}{2}$,$V_4 = \dfrac{\sigma_1^4 - \sigma_2^4}{8}$。

这里不考虑坡度的影响,有 $U = 0$,可得到以下系统:

$$\begin{cases} \dfrac{\partial N}{\partial T} = RJWN^2 - HN + \alpha N(x)\displaystyle\int_{-\infty}^{+\infty} V(x-y)N(y)\,\mathrm{d}y + D_1\dfrac{\partial^2 N}{\partial x^2} \\[3mm] \dfrac{\partial W}{\partial T} = A - LW - RWN^2 + D_2\dfrac{\partial^2 W}{\partial x^2} \\[3mm] N(x,0) = N_0(x,0) \geqslant 0, W(x,0) = W_0(x,0) \geqslant 0 \end{cases} \qquad (2.3)$$

根据以上推导,系统(2.3)可化为以下形式:

$$\begin{cases} \dfrac{\partial N}{\partial T} = RJWN^2 - HN + \alpha N(x)\left(V_2\dfrac{\partial^2 N}{\partial x^2} + V_4\dfrac{\partial^4 N}{\partial x^4}\right) + D_1\dfrac{\partial^2 N}{\partial x^2} \\[3mm] \dfrac{\partial W}{\partial T} = A - LW - RWN^2 + D_2\dfrac{\partial^2 W}{\partial x^2} \\[3mm] N(x,0) = N_0(x,0) \geqslant 0, W(x,0) = W_0(x,0) \geqslant 0 \end{cases} \qquad (2.4)$$

对系统(2.4)进行无量纲化处理:

$$w = \frac{\sqrt{RJ}}{\sqrt{L}}W, n = \frac{\sqrt{R}}{\sqrt{L}}N, a = \frac{\sqrt{RJ}}{L\sqrt{L}}A, t = LT, m = \frac{H}{L}$$

$$v_2 = \frac{\sqrt{L}}{RD_1}V_2, v_4 = \frac{L\sqrt{L}}{RD_1^2}V_4, d = \frac{D_2}{D_1}, \bar{x} = \frac{\sqrt{L}}{\sqrt{D_1}}x$$

则原系统有以下形式:

$$\begin{cases} \dfrac{\partial n}{\partial t} = wn^2 - mn + \alpha n(\bar{x})\left(v_2\dfrac{\partial^2 n}{\partial \bar{x}^2} + v_4\dfrac{\partial^4 n}{\partial \bar{x}^4}\right) + \dfrac{\partial^2 n}{\partial \bar{x}^2} \\[3mm] \dfrac{\partial w}{\partial t} = a - w - wn^2 + d\dfrac{\partial^2 w}{\partial \bar{x}^2} \\[3mm] n(\bar{x},0) = n_0(\bar{x},0) \geqslant 0, w(\bar{x},0) = w_0(\bar{x},0) \geqslant 0 \end{cases} \qquad (2.5)$$

令 $Q = wn^2 - mn, R = a - w - wn^2$。设 $Q = 0, R = 0$,可以得到系统(2.5)的 3 个平衡点:

$$E_0 = (n_0, w_0) = (0, a)$$

$$E_1 = (n_1, w_1) = \left(\frac{2m}{a + \sqrt{a^2 - 4m^2}}, \frac{a + \sqrt{a^2 - 4m^2}}{2}\right)$$

$$E_2 = (n_2, w_2) = \left(\frac{2m}{a - \sqrt{a^2 - 4m^2}}, \frac{a - \sqrt{a^2 - 4m^2}}{2} \right)$$

E_0 称为裸地平衡点。当 $a > 2m$ 时，E_1 和 E_2 是两个正平衡点。特别地，当 $a = 2m$ 时，$E_1 = E_2 = \left(\frac{2m}{a}, \frac{a}{2} \right)$。

2.2 稳定性分析

（1）平衡点 E_1 的稳定性分析

当不考虑扩散时，在平衡点 E_1 附近对系统（2.5）进行线性化，得到以下系统：

$$\begin{cases} \dfrac{\mathrm{d}n}{\mathrm{d}t} = a_{11}n + a_{12}w \\[3mm] \dfrac{\mathrm{d}w}{\mathrm{d}t} = a_{21}n + a_{22}w \end{cases} \tag{2.6}$$

其中，

$$a_{11} = \frac{\mathrm{d}Q}{\mathrm{d}n}\bigg|_{E_1} = m, \quad a_{12} = \frac{\mathrm{d}Q}{\mathrm{d}w}\bigg|_{E_1} = \frac{a - \sqrt{a^2 - 4m^2}}{a + \sqrt{a^2 - 4m^2}}$$

$$a_{21} = \frac{\mathrm{d}R}{\mathrm{d}n}\bigg|_{E_1} = -2m, \quad a_{22} = \frac{\mathrm{d}R}{\mathrm{d}w}\bigg|_{E_1} = \frac{-2a}{a + \sqrt{a^2 - 4m^2}}$$

$\Delta = \dfrac{-\sqrt{a^2 - 4m^2}}{a + \sqrt{a^2 - 4m^2}} < 0$，$E_1$ 的两个特征值异号，是一个不稳定结点。

注：关于平衡态 E_0 的雅可比矩阵是 $\boldsymbol{J} = \begin{pmatrix} m & 1 \\ -2m & -2 \end{pmatrix}$，如果特征方程为 $\lambda^2 + (2 - m)\lambda = 0$，可得：$\lambda_1 = m - 2$、$\lambda_2 = 0$，那么 E_0 是系统（2.5）的非双曲平衡点。

（2）平衡点 E_2 的稳定性分析

系统（2.5）在 E_2 附近的线性化系统如下：

$$
\begin{cases}
\dfrac{\partial n}{\partial t} = a_{11}n + a_{12}w + \alpha n(\bar{x})\left(v_2\dfrac{\partial^2 n}{\partial \bar{x}^2} + v_4\dfrac{\partial^4 n}{\partial \bar{x}^4}\right) + n_{\bar{x}\bar{x}} \\[4mm]
\dfrac{\partial w}{\partial t} = a_{21}n + a_{22}w + \mathrm{d}w_{\bar{x}\bar{x}}
\end{cases}
\tag{2.7}
$$

其中，

$$
a_{11} = \left.\frac{\mathrm{d}Q}{\mathrm{d}n}\right|_{E_2} = m, \quad a_{12} = \left.\frac{\mathrm{d}Q}{\mathrm{d}w}\right|_{E_2} = \frac{a + \sqrt{a^2 - 4m^2}}{a - \sqrt{a^2 - 4m^2}}
$$

$$
a_{21} = \left.\frac{\mathrm{d}R}{\mathrm{d}n}\right|_{E_2} = -2m, \quad a_{22} = \left.\frac{\mathrm{d}R}{\mathrm{d}w}\right|_{E_2} = \frac{-2a}{a - \sqrt{a^2 - 4m^2}}
$$

令

$$
\binom{n}{w} = \binom{n_2}{w_2} + \binom{c_1}{c_2}\mathrm{e}^{\lambda t + \mathrm{i}k\cdot r} + c.c. + O(\varepsilon^2)
$$

其中，k 为波数，λ 为时间 t 的扰动增长率，且 $\mathrm{i}^2 = -1$。有特征方程：

$$
|J - \lambda E - k^2 D + k^4 H| = \begin{vmatrix} a_{11} - (p+1)k^2 + qk^4 - \lambda & a_{12} \\ a_{21} & a_{22} - dk^2 - \lambda \end{vmatrix} = 0
$$

根据上式可得以下色散关系：

$$
\lambda^2 - \mathrm{tr}_k\lambda + \Delta_k = 0
$$

其中，

$$
p = \alpha n_2 v_2, \quad q = \alpha n_2 v_4
$$

$$
\mathrm{tr}_k(\lambda) = a_{11} + a_{22} - (p + 1 + d)k^2 + qk^4
$$

$$
\Delta_k = -dqk^6 + (d + dp + a_{22}q)k^4 - (a_{11}d + a_{22}p + a_{22})k^2 + a_{11}a_{22} - a_{12}a_{21}
$$

当 $k = 0$ 时，系统(2.5)没有扩散项。因为 $\mathrm{tr}_0(\lambda) < 0$，$\Delta_0 > 0$，所以 E_2 是局部渐近稳定的。如图 2.2 所示为系统(2.5)的色散关系，其中 $v_2 = -0.3$，$d = 5$，$v_4 = -0.051$，$a = 0.4$，α 取不同的值。系统(2.5)产生图灵斑图的条件是：系统(2.5)在没有扩散的情况下，平衡态 E_2 是稳定的；在有扩散的情况下，E_2 不稳定。特征方程必须至少含有一个正特征值或实部为正的复特征值，即满足条件 $\Delta_k < 0$，

或者$\text{tr}_k(\lambda)>0$。以下分两种情形分别进行考虑。

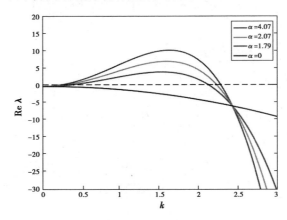

图2.2 系统(2.5)的色散关系

情形$1:\Delta_k<0$

令$k^2=s,l_1=-dq,l_2=d+dp+a_{22}q,l_3=-(a_{11}d+a_{22}p+a_{22}),J=a_{11}a_{22}-a_{12}a_{21}$,可

以得到:$\Delta_k=l_1s^3+l_2s^2+l_3s+J$。计算$\Delta_k(s)$的一阶导数:$\dfrac{\mathrm{d}\Delta_k(s)}{\mathrm{d}s}=3l_1s^2+2l_2s+l_3$,再

求$\Delta_k(s)$的两个极值点,分别为

$$s_1=\frac{-l_2+\sqrt{l_2^2-3l_1l_3}}{3l_1},s_2=\frac{-l_2-\sqrt{l_2^2-3l_1l_3}}{3l_1}$$

$\Delta_k(s)$的二阶导数为$\dfrac{\mathrm{d}^2\Delta_k(s)}{\mathrm{d}s^2}=6l_1s+2l_2$。$6l_1=-6dq>0$,当$s$取较大时,$\Delta_k(s)$是上

凹的,可以得到s_1为极小值点,s_2为极大值点:$\Delta_k(s_{\min})=\Delta_k(s_1)<0$,则有$l_1s_1^3+$

$l_2s_1^2+l_3s_1+J<0$。图灵分岔的充分条件如下:

$$\begin{cases} l_2^2-3l_1l_3>0 \\ l_1s_1^3+l_2s_1^2+l_3s_1+J<0 \\ s_{\min}=s_1>0 \end{cases} \tag{2.8}$$

情形$2:\text{tr}_k(\lambda)>0$

$$\text{tr}_k(\lambda)=a_{11}+a_{22}-(p+1+d)k^2+qk^4$$

有 $\mathrm{tr}_k(\lambda) = qs^2 - (p+1+d)s + a_{11} + a_{22}$，其中 $s = k^2$，$q = \alpha n_2 v_4 < 0$。若 $s_0 = \dfrac{p+d+1}{2q}$，则

$\mathrm{tr}_k(\lambda)$ 取极大值：$\mathrm{tr}_k(\lambda)_{\max} = \dfrac{4q(a_{11}+a_{22}) - (p+1+d)^2}{4q}$。$\mathrm{tr}_k(\lambda)_{\max} > 0$ 成立的条件为

$$4q(a_{11} + a_{22}) < (p + d + 1)^2 \ \text{且} \ s_0 > 0$$

综上可得，产生图灵斑图的充分条件如下：

$$\begin{cases} 4q(a_{11} + a_{22}) < (p + d + 1)^2 \\ p + d + 1 < 0 \end{cases} \tag{2.9}$$

此外，通过以上数学分析，得到了系统(2.5)的分岔图如图2.3所示。图中的曲线是图灵分岔线。其中，参数取值为 $m = 0.1$，$d = 5$，$v_2 = -0.3$，$v_4 = -0.051$。

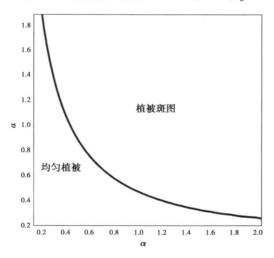

图 2.3 系统(2.5)的分岔图

2.3 空间非齐次稳态解的存在性

以下研究空间非齐次稳态解的存在性，并分析以下稳态问题：

$$
\begin{cases}
wn^2 - mn + \alpha n(\bar{x})\left(v_2 \dfrac{\partial^2 n}{\partial \bar{x}^2} + v_4 \dfrac{\partial^4 n}{\partial \bar{x}^4}\right) + \dfrac{\partial^2 n}{\partial \bar{x}^2} = 0 \\[4mm]
a - w - wn^2 + d\dfrac{\partial^2 w}{\partial \bar{x}^2} = 0
\end{cases}
\tag{2.10}
$$

系统(2.10)是关于 x 的常微分方程,对其采用降阶变换:

$$
\frac{\partial w}{\partial \bar{x}} = h,\ \frac{\partial n}{\partial \bar{x}} = z,\ \frac{\partial z}{\partial \bar{x}} = s,\ \frac{\partial s}{\partial \bar{x}} = r
$$

系统(2.10)可化为以下形式:

$$
\begin{cases}
\dfrac{\mathrm{d}r}{\mathrm{d}\bar{x}} = \dfrac{-s - wn^2 + mn}{v_4 \alpha n} - \dfrac{v_2 s}{v_4} \\[4mm]
\dfrac{\mathrm{d}h}{\mathrm{d}\bar{x}} = \dfrac{w + wn^2 - a}{d} \\[4mm]
\dfrac{\mathrm{d}w}{\mathrm{d}\bar{x}} = h \\[4mm]
\dfrac{\mathrm{d}n}{\mathrm{d}\bar{x}} = z \\[4mm]
\dfrac{\mathrm{d}z}{\mathrm{d}\bar{x}} = s \\[4mm]
\dfrac{\mathrm{d}s}{\mathrm{d}\bar{x}} = r
\end{cases}
\tag{2.11}
$$

上述方程有一个平衡点 $E_3 = \left(0, 0, \dfrac{a - \sqrt{a^2 - 4m^2}}{2}, \dfrac{2m}{a - \sqrt{a^2 - 4m^2}}, 0, 0\right)$,将系统

(2.11)在该平衡点处进行线性化,得到下特征方程:

$$
\mu^6 + b_1 \mu^4 + b_2 \mu^2 + b_3 = 0 \tag{2.12}
$$

其中,

$$
b_1 = \frac{\sqrt{(a - 2m)(a + 2m)}\,(\alpha d m v_2 + ad) - a\alpha d m v_2 + 2a\alpha m v_4 - a^2 d + 2dm^2}{d(-a + \sqrt{(a - 2m)(a + 2m)})\,v_4 \alpha m}
$$

$$
b_2 = \frac{\sqrt{(a - 2m)(a + 2m)}\,(adm + a) + 2a\alpha m v_2 - a^2 dm + 2dm^3 + a^2}{d(-a + \sqrt{(a - 2m)(a + 2m)})\,v_4 \alpha m}
$$

$$b_3 = -\frac{2\sqrt{(a-2m)(a+2m)}\,a - 2a^2 + 9m^2 a\alpha}{d(-a+\sqrt{(a-2m)(a+2m)})v_4\alpha}.$$

为了得到系统(2.11)发生 Hopf 分岔的必要条件,首先对方程(2.12)进行简化。假设 $\mu^2 = \varpi$,则特征方程(2.12)可化为以下形式:

$$\varpi^3 + b_1\varpi^2 + b_2\varpi + b_3 = 0 \qquad (2.13)$$

根据盛金公式,令

$$B_1 = b_1^2 - 3b_2, B_2 = b_1 b_2 - 9b_3, B_3 = b_2^2 - 3b_1 b_3, \Delta = B_2^2 - 4B_1 B_3$$

容易验证 $\Delta = B_2^2 - 4B_1 B_3 > 0$,进而得到式(2.13)的 3 个根:

$$\varpi_1 = \frac{-b_1 - \sqrt[3]{X_1} - \sqrt[3]{X_2}}{3}, \varpi_2 = \frac{-2b_1 + \sqrt[3]{X_1} + \sqrt[3]{X_2} + \sqrt{3}(\sqrt[3]{X_1} - \sqrt[3]{X_2})\mathrm{i}}{6}$$

$$\varpi_3 = \frac{-2b_1 + \sqrt[3]{X_1} + \sqrt[3]{X_2} - \sqrt{3}(\sqrt[3]{X_1} - \sqrt[3]{X_2})\mathrm{i}}{6}$$

其中,$X_1 = B_1 b_1 + \frac{-3B_2 + 3\sqrt{\Delta}}{2}$,$X_2 = B_1 b_1 + \frac{-3B_2 - 3\sqrt{\Delta}}{2}$。分别计算 $\varpi_1, \varpi_2, \varpi_3$ 的二次根,可以得到式(2.12)的 6 个根。首先讨论 ϖ_2:$\sqrt{\varpi_2} = \sqrt{P+Q\mathrm{i}} = \sqrt{r}\cos\frac{\theta}{2} + \mathrm{i}\sqrt{r}\sin\frac{\theta}{2}$,其中,$r = \sqrt{P^2+Q^2}$,$P = \frac{-2b_1 + \sqrt[3]{X_1} + \sqrt[3]{X_2}}{6}$,$Q = \frac{\sqrt{3}(\sqrt[3]{X_1} - \sqrt[3]{X_2})\mathrm{i}}{6}$,$\theta = \arctan\frac{Q}{P}$。$\sqrt{\varpi_2}$ 是纯虚根的充要条件是 $\cos\frac{\theta}{2} = 0$,有 $Q=0, Y_1 = Y_2, \Delta = 0$。此结果与 $\Delta > 0$ 矛盾。$\sqrt{\varpi_2}$ 不可能是纯虚根。类似地,可以推导出 $\sqrt{\varpi_3}$ 也不是纯虚根。

接下来讨论 ϖ_1。产生 Hopf 分岔的临界条件为 $\varpi_1 < 0$,可推得 $b_3 = 0$。选取 α 作为分岔参数,则得到 Hopf 分岔点:

$$\alpha = \alpha_H = \frac{2a - 2\sqrt{(a-2m)(a+2m)}}{9m^2}$$

则特征方程(2.13)有一对纯虚根,并满足以下不等式:

$$q = \frac{\mathrm{d}\mathrm{Re}(\sqrt{\varpi_1})}{\mathrm{d}\alpha}\bigg|_{\alpha_H} < 0$$

表达式 $\text{Re}(\sqrt{\varpi_1})$ 比较复杂,固定除 α 和 a 之外的参数,其中,$a \in (0.2, +\infty)$,$m = 0.1, d = 5, v_2 = -0.3, v_4 = -0.051$。如图 2.4 所示为 q 值随 a 的变化曲线。由图可知,$q = \dfrac{\text{dRe}(\sqrt{\varpi_1})}{\text{d}\alpha}\bigg|_{\alpha_H} < 0$ 总是成立的,这意味着特征方程满足横截条件,系统(2.11)在 E_3 处可以发生 Hopf 分岔。

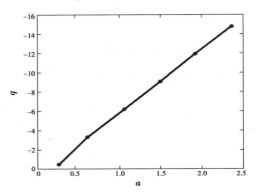

图 2.4　q 随参数 a 的变化

如图 2.5 所示分别表示在 $\alpha = 1.1$ 和 $\alpha = 1.34$ 时植被生物量 n 随空间 x 的变化,其他参数值为 $a = 0.4, m = 0.1, d = 5, v_2 = -0.3, v_4 = -0.051$。通过上面的计算可以得到分岔参数 $\alpha_H = 1.19$。由图 2.5(a)可知,当 $\alpha = 1.1 < \alpha_H$ 时,随着空间的变化,植被生物量 n 趋于定值,稳态解 E_3 是渐近稳定的;当 $\alpha = 1.34 > \alpha_H$ 时,n 随空间发生周期性变化。E_3 是不稳定的,它是一个空间周期稳态解。

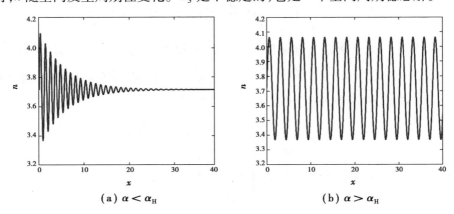

（a）$\alpha < \alpha_H$　　　　　　　　（b）$\alpha > \alpha_H$

图 2.5　系统(2.11)的生物量随空间的变化

2.4　主要结论

本节将通过数值模拟来分析系统(2.3)解的性态,并给出相应的生物学意义。数值模拟了两个系统:原始系统(2.3)和近似系统(2.4)。空间步长和时间步长分别取 $\Delta x = 0.005$ 和 $\Delta t = 0.001$,初值是对平衡点 E_2 附近的小扰动,边界条件是周期边界。根据条件(2.8)对参数赋值: $d = 5, a = 0.4, m = 0.1, \alpha = 1.2,$ $v_2 = -0.3, v_4 = -0.051$,平衡点 $E_2 = (2+\sqrt{3}, 2-\sqrt{3})$。如图 2.6 所示为在一维空间上原始系统和近似系统的斑图。可以发现,近似系统的数值结果与原始系统的数值结果基本一致,可以通过模拟近似系统来研究原始系统的动力学行为。

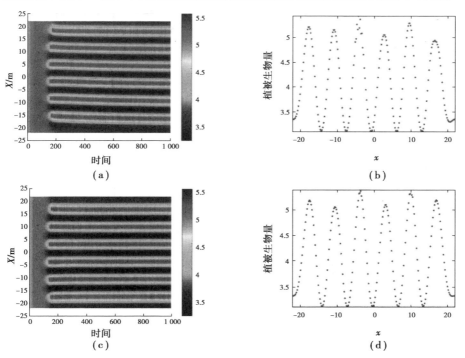

图 2.6　一维空间上近似系统和原始系统的斑图

(a)(c)分别表示近似系统和原始系统的时空斑图;

(b)(d)分别表示近似系统和原始系统的植被生物量随空间的变化

2.4.1 非局部相互作用对植被斑图的影响

以下研究非局部相互作用强度 α 对植被斑图结构的影响,如图 2.7 所示。从图 2.7(a)可知,当时间在 0 ~ 100 时,植被生物量在 3.5 ~ 4 之间变化。随着时间的增加,植被在空间上呈现周期分布。随着 α 的增加,植被的空间均匀状态持续时间变短,且植被最大生物量在减少。当 α 足够大时,植被斑图在空间上不再发生周期性变化,植被呈现均匀分布,如图 2.7(d)所示。

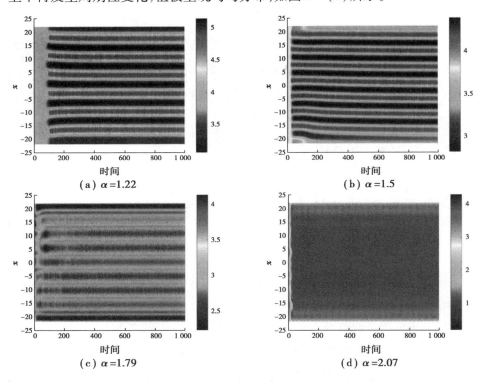

图 2.7　不同作用强度下植被的时空斑图

如图 2.8 所示为在不同的相互作用强度 α 下,平均植被生物量随时间的变化。由图可知,平均植被生物量最终会达到稳定状态,且 α 与植被生物量呈负相关关系。如果 α 足够大,植被生物量就会变小,最终导致生态系统荒漠化的发生。

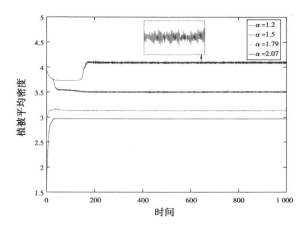

图 2.8　不同相互作用强度下平均植被生物量的时间序列图

2.4.2　核函数对植被斑图的影响

如图 2.9 所示为不同参数值的核函数曲线。图 2.10 展示了当时间 $t =$ 1 000 时植被生物量在空间上的分布图（该时刻系统已经达到稳态）。从图上可知，核函数 $V(x)$ 的峰值越高，植被生物量越高，植被间的竞争强度越小。为了直观地看出不同的核函数对植被斑图的影响，给出了植被斑图的二维空间分布，如图 2.11 所示。

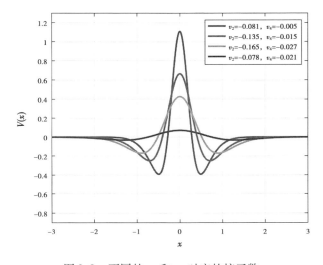

图 2.9　不同的 v_2 和 v_4 对应的核函数

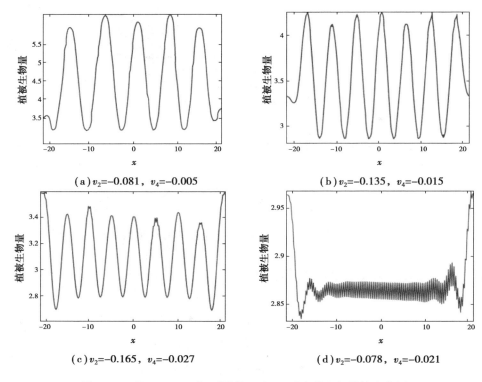

（a）v_2=−0.081，v_4=−0.005　　　　（b）v_2=−0.135，v_4=−0.015

（c）v_2=−0.165，v_4=−0.027　　　　（d）v_2=−0.078，v_4=−0.021

图 2.10　当 t=1 000 时,不同的 v_2 和 v_4 对应的空间植被生物量

同步化是生态耦合系统的重要机制,它对种群的全球持久性有着重要影响。在对系统(2.5)的研究中发现在相同的空间位置,水密度和植被生物量呈反向关系,如图 2.12 所示。具体而言,在植被生物量大的位置,土壤含水量较小;在植被分布较少的位置,土壤含水量较大。这种现象与该地区的土壤质量有关。水的扩散机制是土壤-水扩散反馈。如果土质疏松,则该地区属于多孔砂生态系统,那么水分更容易渗透土壤,使土壤能够储存大量的水分,维持周围植被的生长。相反,在一些土质较硬的地区,地表水产生径流,流向周围的植被。此时,水分输运机制为渗透反馈,同一空间位置植被生物量与水分密度呈同相位同步。

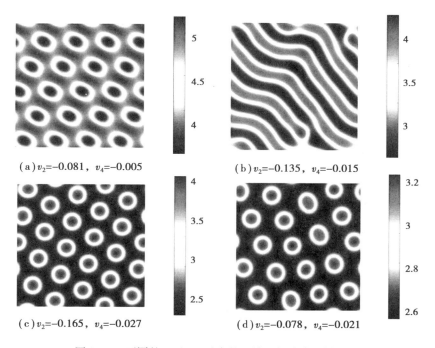

（a）$v_2=-0.081$，$v_4=-0.005$　　（b）$v_2=-0.135$，$v_4=-0.015$

（c）$v_2=-0.165$，$v_4=-0.027$　　（d）$v_2=-0.078$，$v_4=-0.021$

图 2.11　不同的 v_2 和 v_4 对应的二维空间稳态植被斑图

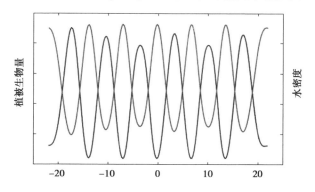

图 2.12　同一空间位置上植被生物量与水密度的反向关系

2.5　本章小结

本章主要研究了植被间的非局部相互作用对植被斑图的影响。用一积分项表示非局部相互作用,即尺度依赖机制,首先构建了具有非局部相互作用的植被-水动力学模型,然后通过数学分析得到了该模型的近似系统,进而根据图灵不稳定理论得到了植被斑图形成的条件。数值模拟给出了原始系统和近似系统在一维空间上的斑图,结果发现近似系统的数值结果与原始系统的数值结果基本一致。基于此,可以通过模拟近似系统来研究原始系统的动力学行为。

通过数值结果证明了植被生物量和水密度呈反向关系(反相位同步),这与之前的一些研究是一致的。在澳大利亚等一些干旱或半干旱地区,植被生物量与水密度可能表现出同相位同步。这两种现象可以用土壤硬度来解释:如果土质疏松,则系统呈现反相位同步;否则,系统呈现同相位同步。研究非局部相互作用对植被斑图的影响结果表明,非局部相互作用可以引起植被斑图的转变,植被间相互作用强度 α 越大,植被斑图波长越小,生物量越小。此外,随着核函数峰值的增大,植被相互作用范围变短,竞争强度减小,植被生物量增大。研究表明,植被根系之间的非局部相互作用是植被斑图形成的关键机制,为植被的保护与恢复提供了理论依据。

第3章 具有非局部时滞的植被模型斑图动力学

　　植被根系吸水是植被水分传输系统的最初端,直接控制着整株植物的水分传输量,进而影响植被的生理活动。植被吸收水分有两个过程:一是降雨作为水资源的主要来源渗透到土壤中;二是植被的根部吸收水分,然后将其转化为自身的生物量。在植被根系吸收水资源过程中,植被当前时刻所吸收的水资源可能来自研究区域的任意位置,同时任意其他位置的水资源到达当前位置具有时间滞后性。这一过程称为非局部时滞过程。如图 3.1 所示为降雨、蒸发以及植被和水资源相互作用的示意图。

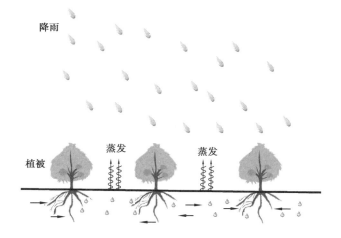

图 3.1　植被和水资源相互作用示意图

　　Britton 首次将非局部时滞项引入种群模型中。迄今为止,含有非局部时滞项的反应扩散方程已经应用在传染病和种群等模型中。但是,在生态学领域的研究较少。本章分别构建了具有强核项和弱核项的非局部时滞植被反应扩散模型，主要研究非局部时滞对植被生长和分布的影响。

本章的结构如下：在 3.1 节中引入了带有强核和弱核的非局部时滞项，分别从数学角度和生态学角度比较了强核与弱核之间的区别；在 3.2 节中建立了具有强核的非局部时滞植被动力学模型，通过多尺度分析得到了振幅方程并研究了非局部相互作用强度和水的扩散系数对植被斑图结构的影响；在 3.3 节中推导了具有 Holling-Ⅱ 功能反应函数和弱核项的非局部时滞模型，并给出了产生图灵斑图的条件；通过数值模拟分析了功能反应系数和非局部相互作用强度对植被斑图的影响；3.4 节是本章小结。

3.1　强核与弱核的比较

首先引入一个积分方程：

$$V(\boldsymbol{x},t) = \int_{\Phi} \int_{-\infty}^{t} G(\boldsymbol{x},\boldsymbol{y},t-s) f(t-s) W(\boldsymbol{y},s)\,\mathrm{d}s\mathrm{d}\boldsymbol{y}$$

这里 $\Phi \in [0,l]\times[0,l]$，$\boldsymbol{x},\boldsymbol{y}\in\Phi$，$G(\boldsymbol{x},\boldsymbol{y},t)f(t)$ 表示在 t 时刻之前水分从其他位置到当前位置的权重，该积分表示位于 x 位置植被根部吸收水分的平均值。

$G(\boldsymbol{x},\boldsymbol{y},t)$ 是下面这个方程的解：

$$\frac{\partial G}{\partial t} = D\left(\frac{\partial^2 G}{\partial X^2} + \frac{\partial^2 G}{\partial Y^2}\right)$$

且

$$\frac{\partial G}{\partial \boldsymbol{n}} = 0, G(\boldsymbol{x},\boldsymbol{y},0) = \delta(\boldsymbol{x}-\boldsymbol{y})$$

关于非局部时滞项的推导和在生态学中的意义已在前言中介绍，这里就不作更多解释。时间分布函数 $f(t)$ 表示根部的吸水强度，令 $f(t)$ 为 Gamma 函数（$K=0,1,2,\cdots$）为：

$$f(t) = \frac{t^K \mathrm{e}^{-\frac{t}{\tau}}}{\tau^{K+1}\Gamma(K+1)}$$

当 $K=0$ 和 $K=1$，函数 $f(t)$ 有以下形式：

$$f_0(t) = \frac{1}{\tau}\mathrm{e}^{-\frac{t}{\tau}},\ f_1(t) = \frac{t}{\tau^2}\mathrm{e}^{-\frac{t}{\tau}}$$

这两种函数分别为弱核函数与强核函数。如图 3.2 所示分别显示了弱核和强核与时间 t 的函数关系。对于强核函数 $f_1(t)$，其函数值随着时间的延长先增加后减少[图 3.2(a)]。从生态学意义上来讲，这反映了在干旱半干旱地区植被缺水严重，根部吸收水分的强度在逐渐增大，导致根部周围的水资源减少，进而引起根部吸水的强度变弱。从图 3.2(b)可知，对于弱核函数 $f_0(t)$，其函数值随着时间 t 的延长而减小，从生物学上反映了根部吸水强度随时间的推移在逐渐减小。

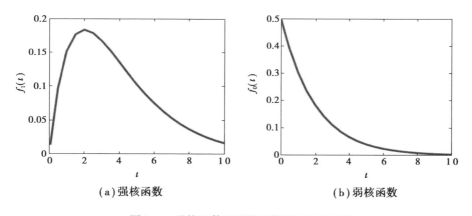

(a)强核函数　　　　　　　　　(b)弱核函数

图 3.2　强核函数和弱核函数随时间的变化

3.2　具有强核的非局部时滞项对植被斑图的影响

3.2.1　模型推导和稳定性分析

为了表征植被吸收水分的过程具有先增强后减弱的特征，基于模型(1.1)，建立了具有强核的非局部时滞项的动力学模型：

$$
\begin{cases}
\dfrac{\partial N}{\partial T} = FJN^2 \displaystyle\int_{\Phi} \int_{-\infty}^{t} G(\boldsymbol{x},\boldsymbol{y},t-s)f(t-s)W(\boldsymbol{y},s)\,\mathrm{d}s\mathrm{d}\boldsymbol{y} - BN + D\Delta N \\[3mm]
\dfrac{\partial W}{\partial T} = R - IW - FN^2 \displaystyle\int_{\Phi} \int_{-\infty}^{t} G(\boldsymbol{x},\boldsymbol{y},t-s)f(t-s)W(\boldsymbol{y},s)\,\mathrm{d}s\mathrm{d}\boldsymbol{y} + \overline{V}\dfrac{\partial W}{\partial X} + \overline{D}\Delta W \\[3mm]
\dfrac{\partial W}{\partial \boldsymbol{n}} = 0,\ \dfrac{\partial N}{\partial \boldsymbol{n}} = 0 \\[3mm]
N(\boldsymbol{x},0) = N_0,\ W(\boldsymbol{x},0) = W_0
\end{cases}
$$

$$(3.1)$$

这里不考虑坡度对植被生长的影响，系统 (3.1) 可以写成如下形式：

$$
\begin{cases}
\dfrac{\partial N}{\partial T} = FJN^2 \displaystyle\int_{\Phi} \int_{-\infty}^{t} G(\boldsymbol{x},\boldsymbol{y},t-s)f(t-s)W(\boldsymbol{y},s)\,\mathrm{d}s\mathrm{d}\boldsymbol{y} - BN + D\Delta N \\[3mm]
\dfrac{\partial W}{\partial T} = R - IW - FN^2 \displaystyle\int_{\Phi} \int_{-\infty}^{t} G(\boldsymbol{x},\boldsymbol{y},t-s)f(t-s)W(\boldsymbol{y},s)\,\mathrm{d}s\mathrm{d}\boldsymbol{y} + \overline{D}\Delta W \\[3mm]
\dfrac{\partial W}{\partial \boldsymbol{n}} = 0,\ \dfrac{\partial N}{\partial \boldsymbol{n}} = 0 \\[3mm]
N(\boldsymbol{x},0) = N_0,\ W(\boldsymbol{x},0) = W_0
\end{cases}
$$

$$(3.2)$$

令 $V = \displaystyle\int_{\Phi} \int_{-\infty}^{t} G(\boldsymbol{x},\boldsymbol{y},t-s)\dfrac{t-s}{\tau^2}\mathrm{e}^{-\frac{t-s}{\tau}}W(\boldsymbol{y},s)\,\mathrm{d}s\mathrm{d}\boldsymbol{y}$，系统 (3.2) 可以转化为如下形式：

$$
\begin{cases}
\dfrac{\partial N}{\partial T} = FJN^2 V - BN + D\Delta N \\[3mm]
\dfrac{\partial W}{\partial T} = R - IW - FN^2 V + \overline{D}\Delta W \\[3mm]
\dfrac{\partial V}{\partial T} = \dfrac{1}{\tau}(P - V) + D\Delta V \\[3mm]
\dfrac{\partial P}{\partial T} = \dfrac{1}{\tau}(W - P) + D\Delta P
\end{cases}
$$

$$(3.3)$$

这里 $P(\boldsymbol{x},t) = \int_{-\infty}^{t} \int_{\Phi} G(\boldsymbol{x},\boldsymbol{y},t-t_0) \frac{1}{\tau} e^{-\frac{1}{\tau}(t-s)} W(\boldsymbol{y},s) \mathrm{d}\boldsymbol{y}\mathrm{d}s$。

为了证明系统(3.2)与系统(3.3)是等价的,首先给出以下引理:

引理 3.1　设 Φ 是定义在 $\mathbb{R}^2$ 上的有界区域,且边界光滑。$W(\boldsymbol{x},t):\Phi\times(t_0,+\infty)$ 连续,$P(\boldsymbol{x},t) \in C^{2,1}(\Phi\times[t_0,+\infty)) \cap C^0(\Phi\times[t_0,+\infty))$ 满足:

$$\begin{cases} \dfrac{\partial P}{\partial t} = \dfrac{1}{\tau}(W-P) + D\Delta P, & \boldsymbol{x}\in\Phi, t>t_0 \\[2mm] \dfrac{\partial P}{\partial \boldsymbol{n}} = 0, & \boldsymbol{x}\in\partial\Phi, t\geqslant t_0 \\[2mm] P(\boldsymbol{x},t_0) = P_0(\boldsymbol{x}), & \boldsymbol{x}\in\Phi \end{cases} \tag{3.4}$$

则

$$P(\boldsymbol{x},t) = \int_{\Phi} G(\boldsymbol{x},\boldsymbol{y},t-t_0) \frac{1}{\tau} e^{-\frac{1}{\tau}(t-t_0)} P(\boldsymbol{y},t_0)\mathrm{d}\boldsymbol{y} + \int_{t_0}^{t}\int_{\Phi} G(\boldsymbol{x},\boldsymbol{y},t-t_0)\frac{1}{\tau} e^{-\frac{1}{\tau}(t-s)} W(\boldsymbol{y},s)\mathrm{d}\boldsymbol{y}\mathrm{d}s$$

证明:假设 $\{(\upsilon_n,\psi_n(\boldsymbol{x}))\}\Big|_{n=1}^{\infty}$ 是特征值且相应特征值问题为

$$\begin{cases} -\Delta\psi(\boldsymbol{x}) = \upsilon\psi(\boldsymbol{x}), & \boldsymbol{x}\in\Phi \\[2mm] \dfrac{\partial\psi}{\partial\boldsymbol{n}} = 0, & \boldsymbol{x}\in\partial\Phi \end{cases}$$

则方程

$$\begin{cases} \mu_t(\boldsymbol{x},t) = -\dfrac{1}{\tau}\mu + D\Delta\mu, & \boldsymbol{x}\in\Phi, t>t_0 \\[2mm] \dfrac{\partial\mu}{\partial\boldsymbol{n}} = 0, & \boldsymbol{x}\in\partial\Phi, t\geqslant t_0 \\[2mm] \mu(\boldsymbol{x},t_0) = \mu_0(\boldsymbol{x}), & \boldsymbol{x}\in\Phi \end{cases}$$

的解为

$$\mu(\boldsymbol{x},t) = \sum_{n=1}^{\infty} c_n \frac{1}{\tau} e^{-(D\upsilon_n+\frac{1}{\tau})(t-t_0)}\psi_n(\boldsymbol{x})$$

其中,

$$c_n = \int_{\Phi}\psi_n(\boldsymbol{y})\mu_0(\boldsymbol{y})\mathrm{d}\boldsymbol{y}$$

有

$$\mu(\boldsymbol{x},t) = \int_{\varPhi} \left(\sum_{n=1}^{\infty} \frac{1}{\tau} e^{-(Dv_n)(t-t_0)} \psi_n(\boldsymbol{x}) \psi_n(\boldsymbol{y}) \right) e^{-\frac{1}{\tau}(t-t_0)} \mu_0(\boldsymbol{y}) \, d\boldsymbol{y}$$

$$= \int_{\varPhi} G(\boldsymbol{x},\boldsymbol{y},t-t_0) \frac{1}{\tau} e^{-\frac{1}{\tau}(t-t_0)} \mu_0(\boldsymbol{y}) \, d\boldsymbol{y}$$

应用 Duhamel 公式,式(3.4)的解为:

$$P(\boldsymbol{x},t) = \int_{\varPhi} G(\boldsymbol{x},\boldsymbol{y},t-t_0) \frac{1}{\tau} e^{-\frac{1}{\tau}(t-t_0)} P(\boldsymbol{y},t_0) \, d\boldsymbol{y} +$$

$$\int_{t_0}^{t} \int_{\varPhi} G(\boldsymbol{x},\boldsymbol{y},t-t_0) \frac{1}{\tau} e^{-\frac{1}{\tau}(t-s)} W(\boldsymbol{y},s) \, d\boldsymbol{y} ds$$

证毕。

引理3.2 设 $\varPhi$ 是定义在 $\mathbb{R}^2$ 上的有界区域,且边界光滑。$W(\boldsymbol{x},t):\varPhi\times(-\infty,+\infty)$ 连续,$P(\boldsymbol{x},t) \in C^{2,1}(\varPhi\times[-\infty,+\infty)) \cap C^0(\varPhi\times[-\infty,+\infty))$ 满足:

$$\begin{cases} \dfrac{\partial P}{\partial t} = \dfrac{1}{\tau}(W-P) + D\Delta P, & \boldsymbol{x} \in \varPhi, t \in (-\infty,+\infty) \\ \dfrac{\partial P}{\partial \boldsymbol{n}} = 0, & \boldsymbol{x} \in \partial\varPhi, t \in (-\infty,+\infty) \end{cases} \tag{3.5}$$

则有

$$P(\boldsymbol{x},t) = \int_{-\infty}^{t} \int_{\varPhi} G(\boldsymbol{x},\boldsymbol{y},t-t_0) \frac{1}{\tau} e^{-\frac{1}{\tau}(t-s)} W(\boldsymbol{y},s) \, d\boldsymbol{y} ds$$

证明:对任一固定的 $t_0<t$,令

$$\mu(\boldsymbol{x},t,t_0) \triangleq \int_{\varPhi} G(\boldsymbol{x},\boldsymbol{y},t-t_0) \frac{1}{\tau} e^{-\frac{1}{\tau}(t-t_0)} W(\boldsymbol{y},t_0) \, d\boldsymbol{y}$$

由引理3.1可得:

$$P(\boldsymbol{x},t) = \mu(\boldsymbol{x},t,t_0) + \int_{t_0}^{t} \int_{\varPhi} G(\boldsymbol{x},\boldsymbol{y},t-t_0) \frac{1}{\tau} e^{-\frac{1}{\tau}(t-s)} W(\boldsymbol{y},s) \, d\boldsymbol{y} ds$$

此外,还有

$$\| \mu(\boldsymbol{x},t,t_0) \| \leqslant \| P(\cdot,t_0) \| \int_{\varOmega} G(\boldsymbol{x},\boldsymbol{y},t-t_0) \, d\boldsymbol{y} \frac{1}{\tau} e^{-\frac{1}{\tau}(t-t_0)}$$

$$\leqslant \| P(\cdot,t_0) \| \frac{1}{\tau} e^{-\frac{1}{\tau}(t-t_0)}$$

当 $t_0 \to -\infty$ 时,有 $\mu(\boldsymbol{x}, t, t_0) \to 0$。令 $t_0 \to -\infty$,则

$$P(\boldsymbol{x}, t) = \int_{-\infty}^{t} \int_{\Phi} G(\boldsymbol{x}, \boldsymbol{y}, t - t_0) \frac{1}{\tau} \mathrm{e}^{-\frac{1}{\tau}(t-s)} W(\boldsymbol{y}, s) \mathrm{d}\boldsymbol{y} \mathrm{d}s$$

成立。证毕。

根据引理 3.1 和 3.2 的结论,可以推断出系统(3.2)与系统(3.3)是等价的。对系统(3.3)进行无量纲化,则得到以下系统:

$$\begin{cases} \dfrac{\partial n}{\partial t} = n^2 v - \gamma n + \Delta n \\[2mm] \dfrac{\partial w}{\partial t} = \eta - w - n^2 v + \beta \Delta w \\[2mm] \dfrac{\partial v}{\partial t} = \dfrac{1}{\tau}(p - v) + \Delta v \\[2mm] \dfrac{\partial p}{\partial t} = \dfrac{1}{\tau}(w - p) + \Delta p \end{cases} \qquad (3.6)$$

系统(3.6)有 3 个平衡点:

$E_0 = (n_0, w_0, v_0, p_0) = (0, \eta, \eta, \eta)$

$E_1 = (n_1, w_1, v_1, p_1)$

$\quad = \left(\dfrac{2\gamma}{\eta + \sqrt{\eta^2 - 4\gamma^2}}, \dfrac{\eta + \sqrt{\eta^2 - 4\gamma^2}}{2}, \dfrac{\eta + \sqrt{\eta^2 - 4\gamma^2}}{2}, \dfrac{\eta + \sqrt{\eta^2 - 4\gamma^2}}{2} \right)$

$E_2 = (n_2, w_2, v_2, p_2)$

$\quad = \left(\dfrac{2\gamma}{\eta - \sqrt{\eta^2 - 4\gamma^2}}, \dfrac{\eta - \sqrt{\eta^2 - 4\gamma^2}}{2}, \dfrac{\eta - \sqrt{\eta^2 - 4\gamma^2}}{2}, \dfrac{\eta - \sqrt{\eta^2 - 4\gamma^2}}{2} \right)$

其中平衡点 E_0 称为裸地平衡点且两个正平衡点存在的充分条件是 $\eta > 2\gamma$。下面分析正平衡点 E_1 和 E_2 附近的动力学性态。首先分析正平衡点 E_1。将系统(3.5)在平衡态 E_1 处线性化,得到以下系统:

$$\begin{cases} \dfrac{\mathrm{d}n}{\mathrm{d}t} = a_{11}n + a_{12}w + a_{13}v + a_{14}p \\[2mm] \dfrac{\mathrm{d}w}{\mathrm{d}t} = a_{21}n + a_{22}w + a_{23}v + a_{24}p \\[2mm] \dfrac{\mathrm{d}v}{\mathrm{d}t} = a_{31}n + a_{32}w + a_{33}v + a_{34}p \\[2mm] \dfrac{\mathrm{d}p}{\mathrm{d}t} = a_{41}n + a_{42}w + a_{43}v + a_{44}p \end{cases}$$

其中,

$$a_{11} = \gamma, a_{12} = 0, a_{13} = \frac{\eta - \sqrt{\eta^2 - 4\gamma^2}}{\eta + \sqrt{\eta^2 - 4\gamma^2}}, a_{14} = 0$$

$$a_{21} = -2\gamma, a_{22} = -1, a_{23} = -\frac{\eta - \sqrt{\eta^2 - 4\gamma^2}}{\eta + \sqrt{\eta^2 - 4\gamma^2}}, a_{24} = 0$$

$$a_{31} = 0, a_{32} = 0, a_{33} = -\frac{1}{\tau}, a_{34} = \frac{1}{\tau}$$

$$a_{41} = 0, a_{42} = \frac{1}{\tau}, a_{43} = 0, a_{44} = -\frac{1}{\tau}$$

该系统的特征方程如下:

$$\lambda^4 + \overline{Y}_1(0)\lambda^3 + \overline{Y}_2(0)\lambda^2 + \overline{Y}_3(0)\lambda + \overline{Y}_4(0) = 0$$

其中,

$$\overline{Y}_1(0) = 1 - \gamma + \frac{2}{\tau}, \overline{Y}_2(0) = \frac{2}{\tau^2} + \frac{2(1 - \gamma)}{\tau} - \gamma$$

$$\overline{Y}_3(0) = \frac{a_{13} + 1 - 2\gamma}{\tau^2} - \frac{2\gamma}{\tau}, \overline{Y}_4(0) = \frac{\gamma}{\tau^2}(a_{13} - 1)$$

根据 Routh-Hurwitz 准则,当且仅当 $\mathrm{Re}(\lambda_i) < 0$ 时,E_1 是稳定的,则需满足以下条件:

$$\begin{cases} \overline{Y}_1(0) > 0, \overline{Y}_2(0) > 0, \overline{Y}_4(0) > 0 \\[2mm] \overline{Y}_1(0)\overline{Y}_2(0)\overline{Y}_3(0) > \overline{Y}_3^2(0) + \overline{Y}_1^2(0)\overline{Y}_4(0) \\[2mm] \overline{Y}_1(0)\overline{Y}_2(0) > \overline{Y}_3(0) \end{cases} \tag{3.7}$$

因为 $a_{13}<1$，很容易得到 $\overline{Y}_4(0)<0$，与上式矛盾。因此，平衡点 E_1 不稳定。

接着分析平衡点 E_2 的稳定性。在 E_2 附近对系统(3.6)进行线性化，得到线性系统如下：

$$\begin{cases} \dfrac{\partial n}{\mathrm{d}t} = b_{11}n + b_{12}w + b_{13}v + b_{14}p + \Delta n \\[2mm] \dfrac{\partial w}{\mathrm{d}t} = b_{21}n + b_{22}w + b_{23}v + b_{24}p + \beta\Delta w \\[2mm] \dfrac{\partial v}{\mathrm{d}t} = b_{31}n + b_{32}w + b_{33}v + b_{34}p + \Delta v \\[2mm] \dfrac{\partial p}{\mathrm{d}t} = b_{41}n + b_{42}w + b_{43}v + b_{44}p + \Delta p \end{cases} \qquad (3.8)$$

其中，

$$b_{11} = \gamma, b_{12} = 0, b_{13} = \frac{\eta + \sqrt{\eta^2 - 4\gamma^2}}{\eta - \sqrt{\eta^2 - 4\gamma^2}}, b_{14} = 0, b_{21} = -2\gamma$$

$$b_{22} = -1, b_{23} = -\frac{\eta + \sqrt{\eta^2 - 4\gamma^2}}{\eta - \sqrt{\eta^2 - 4\gamma^2}}, b_{24} = 0, b_{31} = 0, b_{32} = 0$$

$$b_{33} = -\frac{1}{\tau}, b_{34} = \frac{1}{\tau}, b_{41} = 0, b_{42} = \frac{1}{\tau}, b_{43} = 0, b_{44} = -\frac{1}{\tau}$$

令

$$\begin{pmatrix} n \\ w \\ v \\ p \end{pmatrix} = \begin{pmatrix} n^* \\ w^* \\ v^* \\ p^* \end{pmatrix} + \begin{pmatrix} c_1 \\ c_2 \\ c_3 \\ c_4 \end{pmatrix} \mathrm{e}^{\lambda t + \mathrm{i}k\cdot r} + c.c. + o(\varepsilon^2)$$

其中，$\boldsymbol{k} = (k_x, k_y)$，$\boldsymbol{r} = (x, y)$，$\mathrm{i}^2 = -1$。将上式代入式(3.8)得到以下特征方程：

$$\det A = \begin{vmatrix} b_{11} - k^2 - \lambda & b_{12} & b_{13} & b_{14} \\ b_{21} & b_{22} - \beta k^2 - \lambda & b_{23} & b_{24} \\ b_{31} & b_{32} & b_{33} - k^2 - \lambda & b_{34} \\ b_{41} & b_{42} & b_{43} & b_{44} - k^2 - \lambda \end{vmatrix} = 0$$

该式等价于

$$\lambda^4 + \overline{Y}_1(k)\lambda^3 + \overline{Y}_2(k)\lambda^2 + \overline{Y}_3(k)\lambda + \overline{Y}_4(k) = 0$$

其中,

$$\overline{Y}_1(k) = (\beta + 3)k^2 + \frac{-\gamma\tau + \tau + 2}{\tau}$$

$$\overline{Y}_2(k) = (3\beta + 3)k^4 - \frac{\beta\gamma\tau + 2\gamma\tau - 2\beta - 3\tau - 4}{\tau}k^2 - \frac{\gamma\tau^2 + 2\gamma\tau - 2\tau - 1}{\tau^2}$$

$$\overline{Y}_3(k) = (3\beta + 1)k^6 - \frac{2\beta\gamma\tau + \gamma\tau - 4\beta - 3\tau - 2}{\tau}k^4$$

$$- \frac{2\beta\gamma\tau + 2\gamma\tau^2 + 2\gamma\tau - \beta - 4\tau - 1}{\tau^2}k^2 - \frac{1}{\tau^2(\eta\rho - \eta^2 + 2\gamma^2)}$$

$$(2\rho\eta\gamma\tau - 2\eta^2\gamma\tau + 4\gamma^3\tau + \rho\eta\gamma - \eta^2\gamma + 2\gamma^3 - \eta\rho + \eta^2)$$

$$\overline{Y}_4(k) = \beta k^8 - \frac{\beta\gamma\tau - 2\beta - \tau}{\tau}k^6 - \frac{2\beta\gamma\tau + \gamma\tau^2 - \beta - 2\tau}{\tau^2}k^4$$

$$- \frac{1}{\tau^2(\eta\rho - \eta^2 + 2\gamma^2)}(\rho\eta\beta\gamma + 2\rho\eta\gamma\tau - \eta^2\beta\gamma - 2\eta^2\gamma\tau$$

$$+ 2\beta\gamma^3 + 4\gamma^3\tau - \eta\rho + \eta^2)k^2 - \frac{\gamma(\eta\rho - \eta^2 + 4\gamma^2)}{\tau^2(\eta\rho - \eta^2 + 2\gamma^2)}$$

这里 $\rho = \sqrt{(\eta + 2\gamma)(\eta - 2\gamma)}$。系统(3.6)不含扩散项的系统特征方程为:

$$\mu^4 + \overline{Y}_1(0)\mu^3 + \overline{Y}_2(0)\mu^2 + \overline{Y}_3(0)\mu + \overline{Y}_4(0) = 0$$

其中,

$$\overline{Y}_1(0) = \frac{-\gamma\tau + \tau + 2}{\tau}$$

$$\overline{Y}_2(0) = -\frac{\gamma\tau^2 + 2\gamma\tau - 2\tau - 1}{\tau^2}$$

$$\overline{Y}_3(0) = -\frac{1}{\tau^2(\eta\rho - \eta^2 + 2\gamma^2)}(2\rho\eta\gamma\tau - 2\eta^2\gamma\tau + 4\gamma^3\tau + \rho\eta\gamma - \eta^2\gamma + 2\gamma^3 - \eta\rho + \eta^2)$$

$$\overline{Y}_4(0) = -\frac{\gamma(\gamma\rho - \eta^2 + 4\gamma^2)}{\tau^2(\eta\rho - \eta^2 + 2\gamma^2)}$$

平衡点 E_2 稳定的条件如下：

$$\overline{Y}_1(k) > 0, \overline{Y}_2(k) > 0, \overline{Y}_4(k) > 0$$

$$\overline{Y}_1(k)\overline{Y}_2(k)\overline{Y}_3(k) > \overline{Y}_3^2(k) + \overline{Y}_1^2(k)\overline{Y}_4(k) \qquad (3.9)$$

$$\overline{Y}_1(k)\overline{Y}_2(k) > \overline{Y}_3(k)$$

图灵分支发生的条件是系统(3.3)在无扩散时平衡点 E_2 是稳定的，有扩散时 E_2 是不稳定的。在系统有扩散时，特征方程至少有一个正特征值或具有正实部的复特征值。当 $k=0$ 时，不等式组(3.9)成立且当 $k\neq0$ 时不等式组(3.8)的 3 个不等式中至少有一个不满足时，平衡点变得不稳定，此时可诱导图灵斑图产生。下面分两种情况分别进行讨论：

情形 1　$\overline{Y}_1(k) = (\beta + 3)k^2 + \dfrac{-\gamma\tau + \tau + 2}{\tau}$

所有的参数都是非负的，当 $\overline{Y}_1(0) > 0$ 成立时，可以推出 $\overline{Y}_1(k) > 0$ 成立。

$$\overline{Y}_2(k) = f_{22}z^2 + f_{21}z + f_{20}$$

其中，$z = k^2$，$f_{22} = 3\beta + 3$，$f_{21} = \dfrac{\beta\gamma\tau + 2\gamma\tau - 2\beta - 3\tau - 4}{\tau}$，$f_{20} = \dfrac{-\gamma\tau^2 + 2\gamma\tau - 2\tau - 1}{\tau^2}$。

$f_{22} > 0$，$\overline{Y}_2(k)$ 在 $z = -\dfrac{f_{21}}{2f_{22}}$ 处取得极小值：

$$\overline{Y}_2(k)_{\min} = \dfrac{4f_{22}f_{20} - f_{21}^2}{4f_{22}}$$

综上所述，结合式(3.9)(当 $k=0$ 时)和以下不等式可得到产生图灵斑图的条件为：

$$\begin{cases} 4f_{22}f_{20} - f_{21}^2 < 0 \\ f_{21} < 0 \end{cases}$$

令

$$\overline{Y}_4(k) = R(k^2) = f_{44}z^4 + f_{43}z^3 + f_{42}z^2 + f_{41}z + f_{40}, z = k^2$$

其中，

$$f_{44} = \beta, f_{43} = \frac{\beta\gamma\tau - 2\beta - \tau}{\tau}, f_{42} = -\frac{2\beta\gamma\tau + \gamma\tau^2 - \beta - 2\tau}{\tau^2}, f_{40} = -\frac{\gamma(\eta\rho - \eta^2 + 4\gamma^2)}{\tau^2(\eta\rho - \eta^2 + 2\gamma^2)}$$

$$f_{41} = -\frac{1}{\tau^2(\eta\rho - \eta^2 + 2\gamma^2)}(\rho\eta\beta m + 2\rho\eta\gamma\tau - \eta^2\beta\gamma - 2\eta^2\gamma\tau + 2\beta\gamma^3 + 4\gamma^3\tau - \eta\rho + \eta^2)$$

很容易得到 $f_{44} > 0$，$f_{40} > 0$。$R(z)$ 的一阶导数为

$$\frac{dR(z)}{dz} = 4f_{44}z^3 + 3f_{43}z^2 + 2f_{42}z + f_{41}$$

令 $e = 4f_{44}, f = 3f_{43}, g = 2f_{42}, h = f_{41}$，则有

$$\frac{dR(z)}{dz} = ez^3 + fz^2 + gz + h$$

假设 $\phi = f^2 - 3eg, \chi = fg - 9eh, \psi = g^2 - 3fh, \Delta = \chi^2 - 4\phi\psi$。可以得到多项式 $R(z)$ 的性质：

首先，对任意的 $z = k^2$，有 $f_{40} > 0$。其次，令 $z = k^2$，当 $z \to +\infty$ 时，有 $R(z) \to +\infty$。根据盛金公式，有：

①当 $\phi = \chi = 0$ 时，$\frac{dR(z)}{dz} = 0$ 有 3 个根：$z_1 = z_2 = z_3 = -\frac{f}{3e} = -\frac{g}{f} = -\frac{3h}{g}$。

②当 $\Delta = 0$ 时，$\frac{dR(z)}{dz} = 0$ 有以下根：$z_1 = -\frac{f}{e} + K, z_2 = z_3 = -\frac{K}{2}$，其中，$K = \frac{\chi}{\psi}(\psi \neq 0)$。

③当 $\Delta > 0$ 时，$\frac{dR(z)}{dz} = 0$ 有以下根：

$$z_1 = -\frac{f + \sqrt[3]{y_1} + \sqrt[3]{y_2}}{3e}, z_{2,3} = \frac{-f + \frac{1}{2}(\sqrt[3]{y_1} + \sqrt[3]{y_2}) \pm \frac{\sqrt{3}}{2}(\sqrt[3]{y_1} - \sqrt[3]{y_2})i}{3e}$$

其中，$y_{1,2} = \phi f + 3e\left(\frac{-\chi \pm \sqrt{\chi^2 - 4\phi\psi}}{2}\right)$。

④当 $\Delta < 0$ 时，$\frac{dR(z)}{dz} = 0$ 有以下根：

$$z_1 = -\frac{f + 2\sqrt{\phi}\cos\left(\frac{\phi}{3}\right)}{3e}, z_{2,3} = \frac{-f + \sqrt{\phi}\left(\cos\frac{\phi}{3} \pm \sqrt{3}\sin\frac{\phi}{3}\right)}{3e}$$

其中, $\phi = \arccos T, T = \dfrac{2\phi f - 3e\chi}{2\phi\sqrt{\phi}}$ ($\phi > 0, -1 < T < 1$)。

当 $\overline{Y}_4(k) < 0$ 且不等式 (3.9) (当 $k=0$ 时) 成立时, 图灵斑图产生, 可得到以下结论:

① 若 $\phi = \chi = 0$, 则 $R(z)$ 有一个极值点 $z_1 = -\dfrac{f}{3e} = -\dfrac{g}{f} = -\dfrac{3h}{g}$ 且它是最小值点, z_2 是最大值点。产生图灵斑图的条件为:

$$\begin{cases} z_1 > 0 \\ R(z_1) < 0 \end{cases}$$

② 若 $\Delta = 0$, 则 $R(z)$ 有两个极值点 z_1, z_2 且最小值在最大值的右边。产生图灵斑图的条件为:

$$\begin{cases} \max(z_1, z_2) > 0 \\ R(\max(z_1, z_2)) < 0 \end{cases}$$

③ 若 $\Delta > 0$, 则 $R(z)$ 有一个实极值点 z_1。产生图灵斑图的充分条件为:

$$\begin{cases} z_1 > 0 \\ R(z_1) < 0 \end{cases}$$

④ 若 $\Delta < 0$, 则 $R(z)$ 有 3 个极值点 z_1, z_2, z_3。假设 $z_1 < z_2 < z_3$, 则 z_1 和 z_3 是极小值点。分以下两种情形讨论:

（a）当 $z_1 > 0$ 时, 产生图灵斑图的条件为 $\min\{R(z_1), R(z_3)\} < 0$。

（b）当 $z_1 < 0$ 时, 产生图灵斑图的条件为 $z_3 > 0$, 且 $R(z_3) < 0$。

情形 2　$\overline{Y}_1(k)\overline{Y}_2(k) < \overline{Y}$

令 $R_1(k^2) = \overline{Y}_1(k)\overline{Y}_2(k) - \overline{Y}_3(k)$ 且 $z = k^2$, 则

$$R_1(z) = r_{13}z^3 + r_{12}z^2 + r_{11}z + r_{10}$$

其中,

$$r_{13} = 3\beta^2 + 9\beta + 8, r_{12} = -\frac{1}{\tau}(\beta^2\gamma\tau + 10\beta\gamma\tau - 2\beta^2 - 6\beta\tau + 10\gamma\tau - 20\beta - 15\tau - 20)$$

$$r_{11} = \frac{1}{\tau^2}(\beta\gamma^2\tau^2 - 2\beta\gamma\tau^2 + 2\gamma^2\tau^2 - 8\beta\gamma\tau - 10\gamma\tau^2 + 4\beta\tau - 16\gamma\tau + 3\tau^2 + 6\beta + 20\tau + 12),$$

$$r_{10} = \frac{1}{\tau^3(\eta\rho - \eta^2 + 2\gamma^2)}(\rho\eta\gamma^2\tau^3 - \eta^2\gamma^2\tau^3 + 2\gamma^4\tau^3 + 2\rho\eta\gamma^2\tau^2 - \rho\eta\gamma\tau^3 - 2\eta^2\gamma^2\tau^2 +$$

$$\eta^2\gamma\tau^3 + 4\gamma^2\tau^2 n - 2\gamma^3\tau^3 - 8\rho\eta\gamma\tau^2 + 8\eta^2\gamma\tau^2 - 16\gamma^3\tau^2 - 6\rho\eta\gamma\tau + 2\rho\eta\tau^2 + 6\eta^2\gamma\tau -$$

$$2\eta^2\tau^2 - 12\gamma^3\tau + 4\gamma^2\tau^2 + 6\rho\eta\tau - 6\eta^2\tau + 10\gamma^2\tau + 2\eta\rho - 2\eta^2 + 4\gamma^2)$$

可得到关于 $R_1(z)$ 的两个性质：

①对任意的 $z = k^2$，当 $z \to +\infty$ 时有 $R_1(z) \to +\infty$。

②$R_1(z)$ 的一阶导数为

$$\frac{dR_1(z)}{dz} = 3r_{13}z^2 + 2r_{12}z + r_{11} = 0$$

此方程有两个根，这意味着 $R_1(z)$ 有两个极值点：

$$z_1 = \frac{-r_{12} + \sqrt{r_{12}^2 - 3r_{13}r_{11}}}{3r_{13}}, z_2 = \frac{-r_{12} - \sqrt{r_{12}^2 - 3r_{13}r_{11}}}{3r_{13}}$$

根据以上性质，有 $z_{\max} = z_2 < z_{\min} = z_1$。

当 $R_1(z)_{\min} = R_1(z_1) < 0$ 时，图灵斑图产生。极小值点 z_1 是波数 k 的平方。根据上述分析，系统(3.5)产生图灵分岔的条件为

$$\begin{cases} r_{12}^2 - 3r_{13}r_{11} > 0 \\ z_1 > 0 \\ R_1(z_1) < 0 \end{cases}$$

情形 3 $\overline{Y}_1(k)\overline{Y}_2(k)\overline{Y}_3(k) > \overline{Y}_3^2(k) + \overline{Y}_1^2(k)\overline{Y}_4(k)$

此情形分析过程较复杂，这里不进行分析。

模型(3.6)色散关系如图3.3所示，其中参数为：$\eta = 2.6, \gamma = 1.2, \beta = 30, \tau$ 取不同的值。

3.2.2　多尺度分析

本节通过推导振幅方程来揭示图灵分岔点的时空行为。只有当波数扰动接近临界值 k_T 时,稳态解才不稳定。此外,得到振幅方程的系数与斑图结构的对应关系。为了得到控制参数 τ,需先计算临界波数 k_T,进而将 k_T 代入 $Y_4(k)=0$,得到分支临界值 τ_T。接下来,将系统(3.6)在平衡点 E_2 处进行线性化:

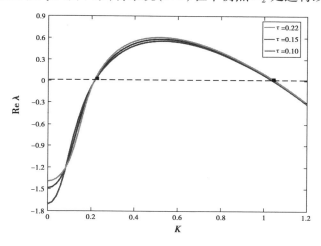

图 3.3　系统(3.6)的色散关系

$$\begin{cases} \dfrac{\partial n}{\partial t} = b_{11}n + b_{12}w + b_{13}v + b_{14}p + N_1(n,w,v,p) + \Delta n \\[2mm] \dfrac{\partial w}{\partial t} = b_{21}n + b_{22}w + b_{23}v + b_{24}p + N_2(n,w,v,p) + \beta\Delta w \\[2mm] \dfrac{\partial v}{\partial t} = b_{31}n + b_{32}w + b_{33}v + b_{34}p + N_3(n,w,v,p) + \Delta v \\[2mm] \dfrac{\partial p}{\partial t} = b_{41}n + b_{42}w + b_{43}v + b_{44}p + N_4(n,w,v,p) + \Delta p \end{cases} \quad (3.10)$$

其中,

$$N_1(n,w,v,p) = n^2w, \quad N_2(n,w,v,p) = -n^2w$$

$$N_3(n,w,v,p) = 0, \quad N_4(n,w,v,p) = 0$$

在 $\tau = \tau_T$，下式为方程组（3.6）的解的形式：

$$U = U_u + \sum_{j=1}^{3} U_0 [A_j e^{ik_j \cdot r} + \vec{A}_j e^{-ik_j \cdot r}]$$

其中，$\boldsymbol{k}_j$ 和 $\boldsymbol{k}_j$ 是一对振荡波向量且 $|\boldsymbol{k}_j| = k_T(j=1,2,3)$，方向是不同的。

利用上面的公式，可以得到式（3.6）的解为：

$$U^0 = \sum_{j=1}^{3} U_0 [A_j e^{ik_j \cdot r} + \vec{A}_j e^{-ik_j \cdot r}]$$

令 $U = (n, w, v, p)^{\mathrm{T}}$ 和 $N = (N_1, N_2, N_3, N_4)^{\mathrm{T}}$，则系统（3.6）可以重写为：

$$\frac{\partial U}{\partial t} = LU + N \qquad (3.11)$$

其中，

$$L = \begin{pmatrix} b_{11} + \Delta & b_{12} & b_{13} & b_{14} \\ b_{21} & b_{22} + \delta\Delta & b_{23} & b_{24} \\ b_{31} & b_{32} & b_{33} + \Delta & b_{34} \\ b_{41} & b_{42} & b_{43} & b_{44} + \Delta \end{pmatrix}$$

令

$$L = L_T + (\tau_T - \tau)M \qquad (3.12)$$

其中，

$$L_T = \begin{pmatrix} a_{11}^* + \Delta & a_{12}^* & a_{13}^* & a_{14}^* \\ a_{21}^* & a_{22}^* + \delta\Delta & a_{23}^* & a_{24}^* \\ a_{31}^* & a_{32}^* & a_{33}^* + \Delta & a_{34}^* \\ a_{41}^* & a_{42}^* & a_{43}^* & a_{44}^* + \Delta \end{pmatrix}, M = \begin{pmatrix} m_{11} & m_{12} & m_{13} & m_{14} \\ m_{21} & m_{22} & m_{23} & m_{24} \\ m_{31} & m_{32} & m_{33} & m_{34} \\ m_{41} & m_{42} & m_{43} & m_{44} \end{pmatrix}$$

$$a_{11}^* = b_{11}, \quad a_{12}^* = 0, \quad a_{13}^* = b_{13}, \quad a_{14}^* = 0$$

$$a_{21}^* = b_{21}, \quad a_{22}^* = b_{22}, \quad a_{23}^* = b_{23}, \quad a_{24}^* = 0$$

$$a_{31}^* = 0, \quad a_{32}^* = 0, \quad a_{33}^* = -\frac{1}{\tau}, \quad a_{34}^* = \frac{1}{\tau}$$

$$a_{41}^* = 0, \quad a_{42}^* = \frac{1}{\tau}, \quad a_{43}^* = 0, \quad a_{44}^* = -\frac{1}{\tau}$$

$$m_{11} = \frac{b_{11} - a_{11}^*}{\tau_T - \tau}, \quad m_{12} = \frac{b_{12} - a_{12}^*}{\tau_T - \tau}, \quad m_{13} = \frac{b_{13} - a_{13}^*}{\tau_T - \tau}, \quad m_{14} = \frac{b_{14} - a_{14}^*}{\tau_T - \tau}$$

$$m_{21} = \frac{b_{21} - a_{21}^*}{\tau_T - \tau}, \quad m_{22} = \frac{b_{22} - a_{22}^*}{\tau_T - \tau}, \quad m_{23} = \frac{b_{23} - a_{23}^*}{\tau_T - \tau}, \quad m_{24} = \frac{b_{24} - a_{24}^*}{\tau_T - \tau}$$

$$m_{31} = \frac{b_{31} - a_{31}^*}{\tau_T - \tau}, \quad m_{32} = \frac{b_{32} - a_{32}^*}{\tau_T - \tau}, \quad m_{33} = \frac{b_{33} - a_{33}^*}{\tau_T - \tau}, \quad m_{34} = \frac{b_{34} - a_{34}^*}{\tau_T - \tau}$$

$$m_{41} = \frac{b_{41} - a_{41}^*}{\tau_T - \tau}, \quad m_{42} = \frac{b_{42} - a_{42}^*}{\tau_T - \tau}, \quad m_{43} = \frac{b_{43} - a_{43}^*}{\tau_T - \tau}, \quad m_{44} = \frac{b_{44} - a_{44}^*}{\tau_T - \tau}$$

以下使用多尺度分析理论探讨控制参量在相变临界点附近的行为, 可将 τ 按如下形式展开:

$$\tau_T - \tau = \varepsilon \tau_1 + \varepsilon^2 \tau_2 + \varepsilon^3 \tau_3 + o(\varepsilon^4) \tag{3.13}$$

将 U 和 N 展开, 可得:

$$U = \begin{pmatrix} n \\ w \\ v \\ p \end{pmatrix} = \varepsilon \begin{pmatrix} n_1 \\ w_1 \\ v_1 \\ p_1 \end{pmatrix} + \varepsilon^2 \begin{pmatrix} n_2 \\ w_2 \\ v_2 \\ p_2 \end{pmatrix} + \varepsilon^3 \begin{pmatrix} n_3 \\ w_3 \\ v_3 \\ p_3 \end{pmatrix} + o(\varepsilon^4) \tag{3.14}$$

$$N = \varepsilon^2 h_2 + \varepsilon^3 h_3 + o(\varepsilon^4) \tag{3.15}$$

其中,

$$h_2 = \begin{pmatrix} h_{21} \\ h_{22} \\ 0 \\ 0 \end{pmatrix}, h_3 = \begin{pmatrix} n_1^2 w_1 \\ -n_1^2 w_1 \\ 0 \\ 0 \end{pmatrix}$$

将系统的动力学行为按不同的时间尺度分开, 令

$$\frac{\partial}{\partial t} = \frac{\partial}{\partial T_0} + \varepsilon \frac{\partial}{\partial T_1} + \varepsilon^2 \frac{\partial}{\partial T_2} + o(\varepsilon^3) \tag{3.16}$$

其中，$T_0 = t$，$T_1 = \varepsilon t$，$T_2 = \varepsilon^2 t$。这里$\dfrac{\partial}{\partial T_0}$对应快变量，振幅 A 是一个缓慢变化的量，

因此$\dfrac{\partial}{\partial T_0}$不对 A 起作用：

$$\frac{\partial A}{\partial t} = \varepsilon \frac{\partial A}{\partial T_1} + \varepsilon^2 \frac{\partial A}{\partial T_2} + o(\varepsilon^3) \tag{3.17}$$

通过式(3.10)和式(3.11)可得到如下方程：

$$\frac{\partial U}{\partial t} = (L_T + (\tau_T - \tau)M)U + N = L_T U + (\tau_T - \tau)MU + N \tag{3.18}$$

将式(3.13)—式(3.16)代入式(3.18)，按 ε 的不同阶数将原方程分开：

$$L_T \begin{pmatrix} n_1 \\ w_1 \\ v_1 \\ p_1 \end{pmatrix} = 0 \tag{3.19}$$

$$L_T \begin{pmatrix} n_2 \\ w_2 \\ v_2 \\ p_2 \end{pmatrix} = \frac{\partial}{\partial T_1} \begin{pmatrix} n_1 \\ w_1 \\ v_1 \\ p_1 \end{pmatrix} - \tau_1 M \begin{pmatrix} n_1 \\ w_1 \\ v_1 \\ p_1 \end{pmatrix} - h_2 \tag{3.20}$$

$$L_T \begin{pmatrix} n_3 \\ w_3 \\ v_3 \\ p_3 \end{pmatrix} = \frac{\partial}{\partial T_1} \begin{pmatrix} n_2 \\ w_2 \\ v_2 \\ p_2 \end{pmatrix} + \frac{\partial}{\partial T_2} \begin{pmatrix} n_1 \\ w_1 \\ v_1 \\ p_1 \end{pmatrix} - \tau_1 M \begin{pmatrix} n_2 \\ w_2 \\ v_2 \\ p_2 \end{pmatrix} - \tau_2 M \begin{pmatrix} n_1 \\ w_1 \\ v_1 \\ p_1 \end{pmatrix} - h_3 \tag{3.21}$$

L_T 是一个临界点上的线性算子。$(n_1, w_1, v_1, p_1)^T$ 是对应特征值为 0 的特征向量的线性组合。由式(3.19)可以得：

$$\begin{pmatrix} n_1 \\ w_1 \\ v_1 \\ p_1 \end{pmatrix} = \begin{pmatrix} l_1 \\ l_2 \\ l_3 \\ 1 \end{pmatrix} (\Theta_1 e^{ik_1 \cdot r} + \Theta_2 e^{ik_2 \cdot r} + \Theta_3 e^{ik_3 \cdot r}) + c.c. \qquad (3.22)$$

其中,

$$l_1 = \frac{a_{13}^*}{(k_T^2 - a_{11}^*)(1 + \tau k_T^2)}, l_2 = 1 + \tau k_T^2, l_3 = \frac{1}{1 + \tau k_T^2}$$

Θ_j 是系统在一阶扰动下 $e^{ik_j \cdot r}$ 的振幅。

由式(3.20)可直接推导出:

$$L_T \begin{pmatrix} n_2 \\ w_2 \\ v_2 \\ p_2 \end{pmatrix} = \frac{\partial}{\partial T_1} \begin{pmatrix} n_1 \\ w_1 \\ v_1 \\ p_1 \end{pmatrix} - \tau_1 M \begin{pmatrix} n_1 \\ w_1 \\ v_1 \\ p_1 \end{pmatrix} - h_2$$

$$= \frac{\partial}{\partial T_1} \begin{pmatrix} n_1 \\ w_1 \\ v_1 \\ p_1 \end{pmatrix} - \tau_1 \begin{pmatrix} m_{11} n_1 + m_{12} w_1 + m_{13} v_1 + m_{14} p_1 \\ m_{21} n_1 + m_{22} w_1 + m_{23} v_1 + m_{24} p_1 \\ m_{31} n_1 + m_{32} w_1 + m_{33} v_1 + m_{34} p_1 \\ m_{41} n_1 + m_{42} w_1 + m_{43} v_1 + m_{44} p_1 \end{pmatrix} - \begin{pmatrix} h_{21} \\ h_{22} \\ 0 \\ 0 \end{pmatrix} = \begin{pmatrix} F_n \\ F_w \\ F_v \\ F_p \end{pmatrix} \quad (3.23)$$

其中,

$$h_{21} = \frac{\eta - \sqrt{\eta^2 - 4\gamma^2}}{2} n_1^2 + \frac{\gamma}{\eta - \sqrt{\eta^2 - 4\gamma^2}} n_1 w_1, \ h_{22} = -\frac{\eta - \sqrt{\eta^2 - 4\gamma^2}}{2} n_1^2 - \frac{\gamma}{\eta - \sqrt{\eta^2 - 4\gamma^2}} n_1 w_1$$

利用 Fredholm 可解性条件,得出式(3.23)具有非平凡解的充分条件是式(3.23)右边的向量函数正交于 L_T^+ 的 0 特征向量,L_T 的 0 特征向量为:

$$\begin{pmatrix} 1 \\ l_2^+ \\ l_3^+ \\ l_4^+ \end{pmatrix} e^{-ik_j \cdot r}, j = 1,2,3$$

其中，$l_2^+ = \dfrac{d_1 k_T^2 - a_{11}^*}{a_{21}^*}$，$l_3^+ = \dfrac{\tau_T(d_1 k_T^2 - a_{11}^*)(d_2 k_T^2 - a_{22}^*) - \tau_T a_{12}^* a_{21}^*}{a_{21}^*}$，$l_4^+ = \dfrac{a_{11}^*}{a_{21}^*} l_2^+ l_3^+$。

根据正交条件可得：

$$(1, \quad l_2^+, \quad l_3^+, \quad l_4^+) \begin{pmatrix} F_n^j \\ F_w^j \\ F_v^j \\ F_p^j \end{pmatrix} = 0$$

其中，$F_n^j, F_w^j, F_v^j, F_p^j$ 表示在 F_n, F_w, F_v, F_p 中对应于 $e^{ik_j \cdot r}$ 的系数，则有：

$$\begin{pmatrix} F_n \\ F_w \\ F_v \\ F_p \end{pmatrix} = \begin{pmatrix} F_n \\ F_w \\ F_v \\ F_p \end{pmatrix} e^{ik_1 \cdot r} + \begin{pmatrix} F_n \\ F_w \\ F_v \\ F_p \end{pmatrix} e^{ik_2 \cdot r} + \begin{pmatrix} F_n \\ F_w \\ F_v \\ F_p \end{pmatrix} e^{ik_3 \cdot r}$$

合并式（3.22）和式（3.23），有：

$$\begin{pmatrix} F_n^1 \\ F_w^1 \\ F_v^1 \\ F_p^1 \end{pmatrix} = \begin{pmatrix} l_1 \dfrac{\partial \Theta_1}{\partial T_1} \\ l_2 \dfrac{\partial \Theta_1}{\partial T_1} \\ l_3 \dfrac{\partial \Theta_1}{\partial T_1} \\ \dfrac{\partial \Theta_1}{\partial T_1} \end{pmatrix} - \tau_1 \begin{pmatrix} m_{11}l_1 + m_{12}l_2 + m_{13}l_3 + m_{14} \\ m_{21}l_1 + m_{22}l_2 + m_{23}l_3 + m_{24} \\ m_{31}l_1 + m_{32}l_2 + m_{33}l_3 + m_{34} \\ m_{41}l_1 + m_{42}l_2 + m_{43}l_3 + m_{44} \end{pmatrix} \Theta_1 + \begin{pmatrix} h_{21} \\ h_{22} \\ 0 \\ 0 \end{pmatrix} \overline{\Theta_2}\,\overline{\Theta_3}$$

$$(3.24)$$

$$\begin{pmatrix} F_n^2 \\ F_w^2 \\ F_v^2 \\ F_p^2 \end{pmatrix} = \begin{pmatrix} l_1 \dfrac{\partial \Theta_2}{\partial T_1} \\[2mm] l_2 \dfrac{\partial \Theta_2}{\partial T_1} \\[2mm] l_3 \dfrac{\partial \Theta_2}{\partial T_1} \\[2mm] \dfrac{\partial \Theta_2}{\partial T_1} \end{pmatrix} - \tau_1 \begin{pmatrix} m_{11} l_1 + m_{12} l_2 + m_{13} l_3 + m_{14} \\ m_{21} l_1 + m_{22} l_2 + m_{23} l_3 + m_{24} \\ m_{31} l_1 + m_{32} l_2 + m_{33} l_3 + m_{34} \\ m_{41} l_1 + m_{42} l_2 + m_{43} l_3 + m_{44} \end{pmatrix} \Theta_2 + \begin{pmatrix} h_{21} \\ h_{22} \\ 0 \\ 0 \end{pmatrix} \overline{\Theta}_1 \overline{\Theta}_3$$

$$(3.25)$$

$$\begin{pmatrix} F_n^3 \\ F_w^3 \\ F_v^3 \\ F_p^3 \end{pmatrix} = \begin{pmatrix} l_1 \dfrac{\partial \Theta_3}{\partial T_1} \\[2mm] l_2 \dfrac{\partial \Theta_3}{\partial T_1} \\[2mm] l_3 \dfrac{\partial \Theta_3}{\partial T_1} \\[2mm] \dfrac{\partial \Theta_3}{\partial T_1} \end{pmatrix} - \tau_1 \begin{pmatrix} m_{11} l_1 + m_{12} l_2 + m_{13} l_3 + m_{14} \\ m_{21} l_1 + m_{22} l_2 + m_{23} l_3 + m_{24} \\ m_{31} l_1 + m_{32} l_2 + m_{33} l_3 + m_{34} \\ m_{41} l_1 + m_{42} l_2 + m_{43} l_3 + m_{44} \end{pmatrix} \Theta_3 + \begin{pmatrix} h_{21} \\ h_{22} \\ 0 \\ 0 \end{pmatrix} \overline{\Theta}_1 \overline{\Theta}_2$$

$$(3.26)$$

应用 Fredholm 可解条件, 得:

$$(l_1 + l_2 l_2^+ + l_3 l_3^+ + l_4^+) \frac{\partial \Theta_1}{\partial T_1} = \tau_1 [(m_{11} l_1 + m_{12} l_2 + m_{13} l_3 + m_{14}) +$$

$$l_2^+ (m_{21} l_1 + m_{22} l_2 + m_{23} l_3 + m_{24}) + l_3^+ (m_{31} l_1 + m_{32} l_2 + m_{33} l_3 + m_{34}) +$$

$$(m_{41} l_1 + m_{42} l_2 + m_{43} l_3 + m_{44})] \Theta_1 - (h_{21} + l_2^+ h_{22}) \overline{\Theta}_2 \overline{\Theta}_3$$

$$(l_1 + l_2 l_2^+ + l_3 l_3^+ + l_4^+) \frac{\partial \Theta_2}{\partial T_1} = \tau_1 [(m_{11} l_1 + m_{12} l_2 + m_{13} l_3 + m_{14}) +$$

$$l_2^+ (m_{21} l_1 + m_{22} l_2 + m_{23} l_3 + m_{24}) + l_3^+ (m_{31} l_1 + m_{32} l_2 + m_{33} l_3 + m_{34}) +$$

$$(m_{41} l_1 + m_{42} l_2 n + m_{43} l_3 + m_{44})] \Theta_2 - (h_{21} + l_2^+ h_{22}) \overline{\Theta}_1 \overline{\Theta}_3$$

$$(l_1 + l_2 l_2^+ + l_3 l_3^+ + l_4^+)\frac{\partial \Theta_3}{\partial T_1} = \tau_1 \big[(m_{11}l_1 + m_{12}l_2 + m_{13}l_3 + m_{14}) +$$

$$l_2^+(m_{21}l_1 + m_{22}l_2 + m_{23}l_3 + m_{24}) + l_3^+(m_{31}l_1 + m_{32}l_2 + m_{33}l_3 + m_{34}) + \quad (3.27)$$

$$(m_{41}l_1 + m_{42}l_2 + m_{43}l_3 + m_{44})\big]\Theta_3 - (h_{21} + l_2^+ h_{22})\overline{\Theta_1}\,\overline{\Theta_2}$$

将式(3.20)解出：

$$\begin{pmatrix} n_2 \\ w_2 \\ v_2 \\ p_2 \end{pmatrix} = \begin{pmatrix} N_0 \\ W_0 \\ V_0 \\ P_0 \end{pmatrix} + \sum_{i=1}^3 \begin{pmatrix} N_i \\ W_i \\ V_i \\ P_i \end{pmatrix} e^{ik_i \cdot r} + \sum_{i=1}^3 \begin{pmatrix} N_{ii} \\ W_{ii} \\ V_{ii} \\ P_{ii} \end{pmatrix} e^{i2k_i \cdot r} + \begin{pmatrix} N_{12} \\ W_{12} \\ V_{12} \\ P_{12} \end{pmatrix} e^{i(k_1-k_2)\cdot r} +$$

$$(3.28)$$

$$\begin{pmatrix} N_{23} \\ W_{23} \\ V_{23} \\ P_{23} \end{pmatrix} e^{i(k_2-k_3)\cdot r} + \begin{pmatrix} N_{31} \\ W_{31} \\ V_{31} \\ P_{31} \end{pmatrix} e^{i(k_3-k_1)\cdot r} + c.c.$$

其中，

$$N_0 = n_0\big(|\Theta_1|^2 + |\Theta_2|^2 + |\Theta_3|^2\big), W_0 = w_0\big(|\Theta_1|^2 + |\Theta_2|^2 + |\Theta_3|^2\big)$$

$$V_0 = v_0\big(|\Theta_1|^2 + |\Theta_2|^2 + |\Theta_3|^2\big), P_0 = p_0\big(|\Theta_1|^2 + |\Theta_2|^2 + |\Theta_3|^2\big)$$

$$N_i = l_1 P_i, W_i = l_2 P_i, V_i = l_3 P_i, N_{ii} = n_{11}\Theta_i^2, W_{ii} = w_{11}\Theta_i^2, V_{ii} = v_{11}\Theta_i^2, P_{ii} = p_{11}\Theta_i^2$$

$$\begin{pmatrix} N_{ij} \\ W_{ij} \\ V_{ij} \\ P_{ij} \end{pmatrix} = \begin{pmatrix} n_{12} \\ w_{12} \\ v_{12} \\ p_{12} \end{pmatrix} \Theta_i \overline{\Theta_j}$$

其中，$n_0, w_0, v_0, p_0, n_{11}, w_{11}, v_{11}, p_{11}, n_{12}, w_{12}, v_{12}, p_{12}$ 已知。

对 ε^3，有：

$$L_T \begin{pmatrix} n_3 \\ w_3 \\ v_3 \\ p_3 \end{pmatrix} = \frac{\partial}{\partial T_1} \begin{pmatrix} n_2 \\ w_2 \\ v_2 \\ p_2 \end{pmatrix} + \frac{\partial}{\partial T_2} \begin{pmatrix} n_1 \\ w_1 \\ v_1 \\ p_1 \end{pmatrix} - \tau_1 \begin{pmatrix} m_{11}n_2 + m_{12}w_2 + m_{13}v_2 + m_{14}p_2 \\ m_{21}n_2 + m_{22}w_2 + m_{23}v_2 + m_{24}p_2 \\ m_{31}n_2 + m_{32}w_2 + m_{33}v_2 + m_{34}p_2 \\ m_{41}n_2 + m_{42}w_2 + m_{43}v_2 + m_{44}p_2 \end{pmatrix} -$$

$$\tau_2 M \begin{pmatrix} m_{11}n_1 + m_{12}w_1 + m_{13}v_1 + m_{14}p_1 \\ m_{21}n_1 + m_{22}w_1 + m_{23}v_1 + m_{24}p_1 \\ m_{31}n_1 + m_{32}w_1 + m_{33}v_1 + m_{34}p_1 \\ m_{41}n_1 + m_{42}w_1 + m_{43}v_1 + m_{44}p_1 \end{pmatrix} - \begin{pmatrix} n_1^2 w_1 \\ -n_1^2 w_1 \\ 0 \\ 0 \end{pmatrix} = \begin{pmatrix} E_n \\ E_w \\ E_v \\ E_p \end{pmatrix}$$

$$(3.29)$$

由上述方程可以得到以下等式：

$$\begin{pmatrix} E_n^1 \\ E_w^1 \\ E_v^1 \\ E_p^1 \end{pmatrix} = \begin{pmatrix} l_1 \dfrac{\partial P_1}{\partial T_1} \\ l_2 \dfrac{\partial P_1}{\partial T_1} \\ l_3 \dfrac{\partial P_1}{\partial T_1} \\ \dfrac{\partial P_1}{\partial T_1} \end{pmatrix} + \begin{pmatrix} l_1 \dfrac{\partial \Theta_1}{\partial T_2} \\ l_2 \dfrac{\partial \Theta_1}{\partial T_2} \\ l_3 \dfrac{\partial \Theta_1}{\partial T_2} \\ \dfrac{\partial \Theta_1}{\partial T_2} \end{pmatrix} - \tau_1 \begin{pmatrix} l_1 m_{11} + l_2 m_{12} + l_3 m_{13} + m_{14} \\ l_1 m_{21} + l_2 m_{22} + l_3 m_{23} + m_{24} \\ l_1 m_{31} + l_2 m_{32} + l_3 m_{33} + m_{34} \\ l_1 m_{41} + l_2 m_{42} + l_3 m_{43} + m_{44} \end{pmatrix} P_1 -$$

$$\tau_2 \begin{pmatrix} l_1 m_{11} + l_2 m_{12} + l_3 m_{13} + m_{14} \\ l_1 m_{21} + l_2 m_{22} + l_3 m_{23} + m_{24} \\ l_1 m_{31} + l_2 m_{32} + l_3 m_{33} + m_{34} \\ l_1 m_{41} + l_2 m_{42} + l_3 m_{43} + m_{44} \end{pmatrix} \Theta_1 + \begin{pmatrix} G_{11} \left| \Theta_1 \right|^2 + G_{12} \left| \Theta_2 \right|^2 + \left| \Theta_3 \right|^2 \\ G_{21} \left| \Theta_1 \right|^2 + G_{22} \left| \Theta_2 \right|^2 + \left| \Theta_3 \right|^2 \\ 0 \\ 0 \end{pmatrix} \Theta_1$$

$$(3.30)$$

$$
\begin{pmatrix} E_n^2 \\ E_w^2 \\ E_v^2 \\ E_p^2 \end{pmatrix} =
\begin{pmatrix} l_1 \dfrac{\partial P_2}{\partial T_1} \\ l_2 \dfrac{\partial P_2}{\partial T_1} \\ l_3 \dfrac{\partial P_2}{\partial T_1} \\ \dfrac{\partial P_2}{\partial T_1} \end{pmatrix} +
\begin{pmatrix} l_1 \dfrac{\partial \Theta_2}{\partial T_2} \\ l_2 \dfrac{\partial \Theta_2}{\partial T_2} \\ l_3 \dfrac{\partial \Theta_2}{\partial T_2} \\ \dfrac{\partial \Theta_2}{\partial T_2} \end{pmatrix} -
\tau_1 \begin{pmatrix} l_1 m_{11} + l_2 m_{12} + l_3 m_{13} + m_{14} \\ l_1 m_{21} + l_2 m_{22} + l_3 m_{23} + m_{24} \\ l_1 m_{31} + l_2 m_{32} + l_3 m_{33} + m_{34} \\ l_1 m_{41} + l_2 m_{42} + l_3 m_{43} + m_{44} \end{pmatrix} P_2 -
$$

$$
\tau_2 \begin{pmatrix} l_1 m_{11} + l_2 m_{12} + l_3 m_{13} + m_{14} \\ l_1 m_{21} + l_2 m_{22} + l_3 m_{23} + m_{24} \\ l_1 m_{31} + l_2 m_{32} + l_3 m_{33} + m_{34} \\ l_1 m_{41} + l_2 m_{42} + l_3 m_{43} + m_{44} \end{pmatrix} \Theta_2 +
\begin{pmatrix} G_{11}\left|\Theta_1\right|^2 + G_{12}\left|\Theta_2\right|^2 + \left|\Theta_3\right|^2 \\ G_{21}\left|\Theta_1\right|^2 + G_{22}\left|\Theta_2\right|^2 + \left|\Theta_3\right|^2 \\ 0 \\ 0 \end{pmatrix} \Theta_2
$$

$$(3.31)$$

$$
\begin{pmatrix} E_n^3 \\ E_w^3 \\ E_v^3 \\ E_p^3 \end{pmatrix} =
\begin{pmatrix} l_1 \dfrac{\partial P_3}{\partial T_1} \\ l_2 \dfrac{\partial P_3}{\partial T_1} \\ l_3 \dfrac{\partial P_3}{\partial T_1} \\ \dfrac{\partial P_3}{\partial T_1} \end{pmatrix} +
\begin{pmatrix} l_1 \dfrac{\partial \Theta_3}{\partial T_2} \\ l_2 \dfrac{\partial \Theta_3}{\partial T_2} \\ l_3 \dfrac{\partial \Theta_3}{\partial T_2} \\ \dfrac{\partial \Theta_3}{\partial T_2} \end{pmatrix} -
\tau_1 \begin{pmatrix} l_1 m_{11} + l_2 m_{12} + l_3 m_{13} + m_{14} \\ l_1 m_{21} + l_2 m_{22} + l_3 m_{23} + m_{24} \\ l_1 m_{31} + l_2 m_{32} + l_3 m_{33} + m_{34} \\ l_1 m_{41} + l_2 m_{42} + l_3 m_{43} + m_{44} \end{pmatrix} P_3 -
$$

$$
\tau_2 \begin{pmatrix} l_1 m_{11} + l_2 m_{12} + l_3 m_{13} + m_{14} \\ l_1 m_{21} + l_2 m_{22} + l_3 m_{23} + m_{24} \\ l_1 m_{31} + l_2 m_{32} + l_3 m_{33} + m_{34} \\ l_1 m_{41} + l_2 m_{42} + l_3 m_{43} + m_{44} \end{pmatrix} \Theta_3 +
\begin{pmatrix} G_{11}\left|\Theta_1\right|^2 + G_{12}\left|\Theta_2\right|^2 + \left|\Theta_3\right|^2 \\ G_{21}\left|\Theta_1\right|^2 + G_{22}\left|\Theta_2\right|^2 + \left|\Theta_3\right|^2 \\ 0 \\ 0 \end{pmatrix} \Theta_3
$$

$$(3.32)$$

其中, $G_{11} = G_{12} = G_{13} = l_1^2 l_2$, $G_{21} = G_{22} = G_{23} = -l_1^2 l_2$ 。

根据 Fredholm 可解性条件,并结合式(3.30)—式(3.32),可推导出以下表达式:

$$
\begin{cases}
(l_1 + l_2 l_2^+ + l_3 l_3^+ + l_4^+)\left(\dfrac{\partial P_1}{\partial T_1} + \dfrac{\partial \Theta_1}{\partial T_2}\right) = (\tau_1 P_1 + \tau_2 \Theta_1)\big[(l_1 m_{11} + l_2 m_{12} + l_3 m_{13} + m_{14}) + \\
l_2^+(l_1 m_{21} + l_2 m_{22} + l_3 m_{23} + m_{24}) + l_3^+(l_1 m_{31} + l_2 m_{32} + l_3 m_{33} + m_{34}) + \\
l_4^+(l_1 m_{41} + l_2 m_{42} + l_3 m_{43} + m_{44})\big] - \left(G_{11}\left|\Theta_1\right|^2 + G_{12}\left|\Theta_2\right|^2 + \left|\Theta_3\right|^2\right)\Theta_1 - \\
l_2^+\left(-G_{11}\left|\Theta_1\right|^2 - G_{12}\left|\Theta_2\right|^2 + \left|\Theta_3\right|^2\right)\Theta_1 \\[4pt]
(l_1 + l_2 l_2^+ + l_3 l_3^+ + l_4^+)\left(\dfrac{\partial P_2}{\partial T_1} + \dfrac{\partial \Theta_2}{\partial T_2}\right) = (\tau_1 P_2 + \tau_2 \Theta_2)\big[(l_1 m_{11} + l_2 m_{12} + l_3 m_{13} + m_{14}) + \\
l_2^+(l_1 m_{21} + l_2 m_{22} + l_3 m_{23} + m_{24}) + l_3^+(l_1 m_{31} + l_2 m_{32} + l_3 m_{33} + m_{34}) + \\
l_4^+(l_1 m_{41} + l_2 m_{42} + l_3 m_{43} + m_{44})\big] - \left(G_{11}\left|\Theta_1\right|^2 + G_{12}\left|\Theta_2\right|^2 + \left|\Theta_3\right|^2\right)\Theta_2 - \\
l_2^+\left(-G_{11}\left|\Theta_1\right|^2 - G_{12}\left|\Theta_2\right|^2 + \left|\Theta_3\right|^2\right)\Theta_2 \\[4pt]
(l_1 + l_2 l_2^+ + l_3 l_3^+ + l_4^+)\left(\dfrac{\partial P_3}{\partial T_1} + \dfrac{\partial \Theta_3}{\partial T_2}\right) = (\tau_1 P_3 + \tau_2 W_3)\big[(l_1 m_{11} + l_2 m_{12} + l_3 m_{13} + m_{14}) + \\
l_2^+(l_1 m_{21} + l_2 m_{22} + l_3 m_{23} + m_{24}) + l_3^+(l_1 m_{31} + l_2 m_{32} + l_3 m_{33} + m_{34}) + \\
l_4^+(l_1 m_{41} + l_2 m_{42} + l_3 m_{43} + m_{44})\big] - \left(G_{11}\left|\Theta_1\right|^2 + G_{12}\left|\Theta_2\right|^2 + \left|\Theta_3\right|^2\right)\Theta_3 - \\
l_2^+\left(-G_{11}\left|\Theta_1\right|^2 - G_{12}\left|\Theta_2\right|^2 + \left|\Theta_3\right|^2\right)\Theta_3
\end{cases}
$$

$$(3.33)$$

令 $A_i = A_i^n = l_3 A_i^w = l_2 A_i^v = l_1 A_i^p$ 是 $e^{i k_j \cdot r}(j = 1, 2, 3)$ 的系数,则有:

$$\begin{pmatrix} A_i^n \\ A_i^w \\ A_i^v \\ A_i^p \end{pmatrix} = \varepsilon \begin{pmatrix} l_1 \\ l_2 \\ l_3 \\ 1 \end{pmatrix} W_i + \varepsilon^2 \begin{pmatrix} l_1 \\ l_2 \\ l_3 \\ 1 \end{pmatrix} P_i + o(\varepsilon^3), i = 1, 2, 3 \qquad (3.34)$$

将式(3.27)乘以 ε 且式(3.32)乘以 ε^2,并将式(3.17)与式(3.34)变量合并,可得以下方程:

$$\begin{cases} \theta_0 \dfrac{\partial A_1}{\partial t} = \xi A_1 + h \overline{A}_2 \overline{A}_3 - \left[\alpha_1 \left| A_1 \right|^2 + \alpha_2 \left(\left| A_2 \right|^2 + \left| A_3 \right|^2 \right) \right] A_1 \\[2mm] \theta_0 \dfrac{\partial A_2}{\partial t} = \xi A_2 + h \overline{A}_1 \overline{A}_3 - \left[\alpha_1 \left| A_2 \right|^2 + \alpha_2 \left(\left| A_1 \right|^2 + \left| A_3 \right|^2 \right) \right] A_2 \\[2mm] \theta_0 \dfrac{\partial A_3}{\partial t} = \xi A_3 + h \overline{A}_1 \overline{A}_2 - \left[\alpha_1 \left| A_3 \right|^2 + \alpha_2 \left(\left| A_1 \right|^2 + \left| A_2 \right|^2 \right) \right] A_3 \end{cases} \quad (3.35)$$

其中,

$$\theta_0 = -\frac{l_1 + l_2 l_2^+ + l_3 l_3^+ + l_4^+}{q \tau_T}, \xi = -\frac{\tau_T - \tau}{\tau_T}, h = \frac{l_2 l_3}{q \tau_T}, \alpha_1 = -\frac{G_{11} + l_2^+ G_{21}}{q \tau_T}, \alpha_2 = -\frac{G_{21} + l_2^+ G_{22}}{q \tau_T}$$

$$q = (l_1 m_{11} + l_2 m_{12} + l_3 m_{13} + m_{14}) + l_2^+ (l_1 m_{21} + l_2 m_{22} + l_3 m_{23} + m_{24}) +$$

$$l_3^+ (l_1 m_{31} + l_2 m_{32} + l_3 m_{33} + m_{34}) + l_4^+ (l_1 m_{41} + l_2 m_{42} + l_3 m_{43} + m_{44})$$

将 $A_i = \vartheta_i \mathrm{e}^{\mathrm{i}\zeta_i}$ 代入式(3.35),可得到以下形式:

$$\begin{cases} \theta_0 \dfrac{\partial \zeta}{\partial t} = -h \dfrac{\vartheta_1^2 \vartheta_2^2 + \vartheta_1^2 \vartheta_3^2 + \vartheta_2^2 \vartheta_3^2}{\vartheta_1 \vartheta_2 \vartheta_3} \\[3mm] \theta_0 \dfrac{\partial \vartheta_1}{\partial t} = \sigma \vartheta_1 + h \vartheta_2 \vartheta_3 \cos \zeta - \alpha_1 \vartheta_1^3 - \alpha_2 (\vartheta_2^2 + \vartheta_3^2) \vartheta_1 \\[3mm] \theta_0 \dfrac{\partial \vartheta_2}{\partial t} = \sigma \vartheta_2 + h \vartheta_1 \vartheta_3 \cos \zeta - \alpha_1 \vartheta_2^3 - \alpha_2 (\vartheta_1^2 + \vartheta_3^2) \vartheta_2 \\[3mm] \theta_0 \dfrac{\partial \vartheta_3}{\partial t} = \sigma \vartheta_3 + h \vartheta_1 \vartheta_2 \cos \zeta - \alpha_1 \vartheta_3^3 - \alpha_2 (\vartheta_1^2 + \vartheta_2^2) \vartheta_3 \end{cases} \qquad (3.36)$$

其中,$\zeta = \zeta_1 + \zeta_2 + \zeta_3$。

系统(3.36)对应 4 种不同的斑图结构。表 3.1 给出了 4 种不同斑图结构对应的生成条件。

表 3.1 4 种不同的斑图结构对应的生成条件

斑图结构	表达式	生成条件
均匀态	$\vartheta_1 = \vartheta_2 = \vartheta_3 = 0$	一直存在
点状斑图	$\vartheta_1 = \vartheta_2 = \vartheta_3 = \dfrac{\mid h \mid \pm \sqrt{h^2 + 4(\alpha_1 + 2\overline{g}_2)\sigma}}{2(\alpha_1 + 2\alpha_2)}$	$\sigma > \sigma_1 = \dfrac{-h^2}{4(\alpha_1 + 2\alpha_2)}$
条状斑图	$\vartheta_1 = \sqrt{\dfrac{\sigma}{\alpha_1}}, \vartheta_2 = \vartheta_3 = 0$	$\eta > 0$
混合斑图	$\vartheta_1 = \dfrac{\mid h \mid}{\alpha_2 - \alpha_1}, \vartheta_2 = \vartheta_3 = \sqrt{\dfrac{\sigma - \alpha_1 \vartheta_1^2}{\alpha_2 + \alpha_1}}$	$\alpha_2 > \alpha_1, \sigma > \sigma_3 = \dfrac{h^2 \alpha_1}{(\alpha_2 - \alpha_1)^2}$

3.2.3 数值结果

本小节根据上述理论分析的结果进行数值模拟。边界条件为诺伊曼边界条件,所研究的空间区域是一个大小为 $[0,100] \times [0,100]$ 的二维空间区域,时间区间为 500。空间步长和时间步长分别为 $\Delta x = 1$ 和 $\Delta t = 0.001$。首先通过数值模拟验证了多尺度理论的结果,其次研究了非局部相互作用强度 τ 扩散系数 β 对植被斑图结构的影响。

假设 $\eta = 2.6, \gamma = 1.2$,通过计算,得到参数值:

$$h = \frac{l_2 l_3}{q \, \tau_T}, \quad \alpha_1 = -\frac{G_{11} + l_2^+ G_{21}}{q \, \tau_T}, \quad \alpha_2 = -\frac{G_{21} + l_2^+ G_{22}}{q \, \tau_T}$$

$$\sigma_1 = \frac{-h^2}{4(\alpha_1 + 2\alpha_2)}, \quad \sigma_2 = 0, \quad \sigma_3 = \frac{h^2 \alpha_1}{(\alpha_2 - \alpha_1)^2}, \quad \sigma_4 = \frac{(2\alpha_1 + \alpha_2) h^2}{(\alpha_2 - \alpha_1)^2}$$

根据参考文献[118],不同控制参数对应的斑图结构见表 3.2。

表 3.2 不同控制参数对应的斑图结构

参数区间	斑图结构
$\sigma \in (\sigma_2, \sigma_3)$	点状斑图
$\sigma \in (\sigma_3, \sigma_4)$	混合斑图
$\sigma \in (\sigma_4, +\infty)$	条状斑图

选取 $\tau = 0.22$，其他参数通过计算可得 $h = \dfrac{l_2 l_3}{q^{\tau_T}}$，$\sigma = 0.627\ 350\ 4$，$\sigma_3 = 4.376\ 425\ 5$。显然，不等式 $0 = \sigma_2 < \sigma < \sigma_3$ 成立且系统（3.5）呈现点状结构。当 $\tau = 0.22$，$\beta = 30$ 时，图 3.4 给出了植被斑图的演化过程。植被在最初分布均匀，随着时间的推移，植被斑图呈现点状结构，以团簇的形式聚集。

为了探究扩散系数 β 对植被斑图的影响，图 3.5 给出了相应的模拟结果。当 $\beta = 8$ 时，植被斑图呈现带状结构且控制参数 σ 大于 σ_4［图 3.4（a）］。随着 β 的增加，带状结构失去稳定性，点状斑图结构开始出现，此时斑图呈现混合状，$\sigma \in (\sigma_3, \sigma_4)$［图 3.5（b）和（c）］。随着 β 的进一步增加，图 3.5（d）呈现点状结构且 $\sigma \in (\sigma_2, \sigma_3)$。在此斑图变化过程中，带状结构逐渐消失，整个空间呈现点状结构。可以看出，随着扩散系数的增加，斑图结构的变化过程为：条状斑图→混合斑图→点状斑图。

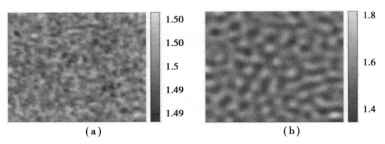

（a）　　　　　　　　　　　　（b）

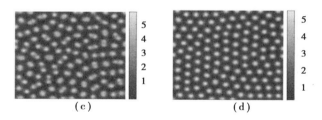

图 3.4　植被斑图随时间的演变

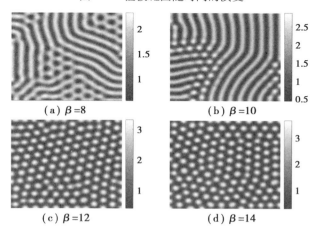

图 3.5　不同 β 对应的植被斑图

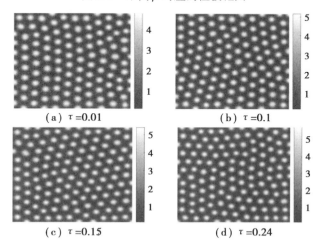

图 3.6　植被斑图随非局部相互作用强度的演化

图 3.6 模拟不同的非局部相互作用强度 τ 对应的植被斑图,其他参数为 $\gamma=$ 1.2, $\beta=30$, $\eta=2.6$。图 3.7 模拟了不同的非局部相互作用强度 τ 对应的植被斑图的点状结构的数量。从图 3.6 和图 3.7 可知,随着 τ 的增大,斑图的结构不会发生转变,但是斑图中点状结构的数量越来越多,而且高密度的植被团簇在逐渐变小,且最高密度和最低密度的差值在逐渐增大,该植被系统的隔离度在增加。这意味着,非局部相互作用的增强不利于生态系统的稳健,且有发生荒漠化的风险。图 3.8 给出了不同的 τ 对应的植被的空间分布。从该图可以直观地看出系统达到稳态后具体位置的植被密度。

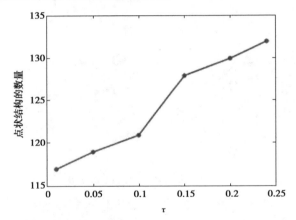

图 3.7 不同 τ 对应的斑图中点状结构的数量

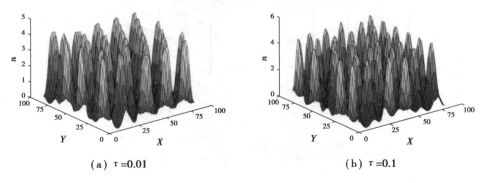

(a) $\tau=0.01$ (b) $\tau=0.1$

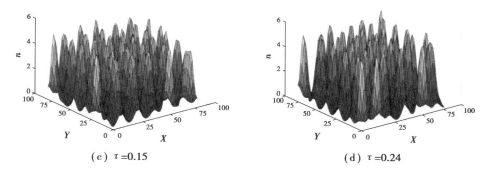

（c）τ=0.15   （d）τ=0.24

图 3.8   不同的非局部相互作用强度对应的植被空间分布

3.3   具有弱核的非局部时滞项对植被斑图的影响

当植被根部对水分的吸收强度随时间递减时,就需要考虑将具有弱核的非局部时滞项耦合到模型中。目前大部分研究认为植被吸收的水分与植被生物量呈正相关关系。具体来讲,当水分较多时(如某干旱半干旱地区出现极端降雨),单位时间内每一株植物所吸收的水分也无限增多。这显然不符合事实。在现实中,植被对水分吸收具有饱和效应,将 Holling-Ⅱ 功能反应函数耦合到模型中更具有实际意义。本节主要考虑具有 Holling-Ⅱ 功能反应函数和弱核的非局部时滞项的植被-水动力学模型。

3.3.1   模型推导和稳定性分析

首先给出 Holling-Ⅱ 功能反应函数的表达式为 $f(W)=\dfrac{\alpha W}{1+\gamma W}$,该函数图像如图 3.9 所示。值得注意的是,$f$ 是关于 W 的非线性函数。

从图 3.9 可知,当水分 W 达到一定值时,f 趋于一个常数。基于 1999 年 Klausmeier 模型并结合上述分析,构建以下反应扩散系统:

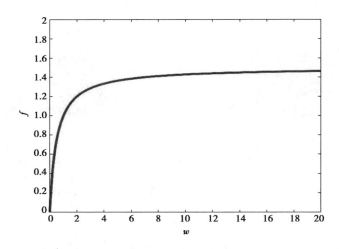

图 3.9　Holling-Ⅱ 功能反应函数图

$$\begin{cases} \dfrac{\partial N}{\partial T} = RJ\,\dfrac{\alpha N^2}{1+\gamma W}\int_{-\infty}^{t}\int_{\Phi} G(\boldsymbol{x},\boldsymbol{y},t-s)f(t-s)W(\boldsymbol{y},s)\,\mathrm{d}\boldsymbol{y}\mathrm{d}s - MN + D_1\Delta N \\[4mm] \dfrac{\partial W}{\partial T} = A - LW - R\,\dfrac{\alpha N^2}{1+\gamma W}\int_{-\infty}^{t}\int_{\Phi} G(\boldsymbol{x},\boldsymbol{y},t-s)f(t-s)W(\boldsymbol{y},s)\,\mathrm{d}\boldsymbol{y}\mathrm{d}s + D_2\Delta W \end{cases}$$

$$(3.37)$$

这里 $(\boldsymbol{x},\boldsymbol{y})\in\Phi\subset\mathbb{R}^n$，$f$ 是一个弱核函数，表达式为 $f(t)=\dfrac{1}{\tau}\mathrm{e}^{-\frac{1}{\tau}}$。该函数的图像如图 [3.2(b)] 所示。非局部时滞项的表达式如下：

$$V(\boldsymbol{x},t)=\int_{-\infty}^{t}\int_{\Phi} G(\boldsymbol{x},\boldsymbol{y},t-s)\,\dfrac{1}{\tau}\mathrm{e}^{-\frac{t-s}{\tau}}W(\boldsymbol{y},s)\,\mathrm{d}\boldsymbol{y}\mathrm{d}s$$

引理 3.1 和引理 3.2 给出了非局部时滞项的转化推导过程,得到了与原系统等价的系统。本节将给出另一种推导方法。

（1）非局部时滞项在一维空间上的转化推导

首先考虑一维空间情形的初边值问题：

$$\begin{cases} \dfrac{\partial G}{\partial t} = D\dfrac{\partial^2 G}{\partial x^2}, & 0 < x < l, t > 0 \\[2mm] G(x,y,0) = \delta(x-y), & 0 \leqslant x \leqslant l \\[2mm] \left.\dfrac{\partial G}{\partial x}\right|_{x=0} = \left.\dfrac{\partial G}{\partial x}\right|_{x=l} = 0, & t > 0 \end{cases} \quad (3.38)$$

设 $G(x,y,t)$ 是方程(3.38)在有界区域上的解，也称为定解问题的基本解或格林函数。其中，$\delta(x)$ 是 Dirac 函数，满足以下性质：

①$\delta(x) = \begin{cases} 0, x \neq 0 \\ \infty, x = 0 \end{cases}$;

② $\displaystyle\int_{-\infty}^{\infty} \delta(x)\,\mathrm{d}x = 1$;

③δ 函数为偶函数：$\delta(x-y) = \delta(y-x)$;

④筛选性质：$\displaystyle\int_{-\infty}^{+\infty} \delta(x-a)g(x)\,\mathrm{d}x = g(a)$ ，这里 $g(x)$ 是任一连续函数。

根据以上性质，有：

$$\int_{-\infty}^{\infty} \delta(x-a)g(x)\,\mathrm{d}x = g(a) \Rightarrow \int_{0}^{l} \delta(x-y)W(y,t)\,\mathrm{d}y = W(x,t)$$

由基本解的定义可得

$$\frac{\partial G(x,y,t-s)}{\partial t} = D\frac{\partial^2 G(x,y,t-s)}{\partial x^2}$$

$$\frac{\partial V}{\partial t} = \int_{0}^{l} G(x,y,0)\frac{1}{\tau}W(y,t)\,\mathrm{d}y + \frac{1}{\tau}\int_{-\infty}^{t}\int_{0}^{l} W(y,s)$$

$$\left[\frac{\partial G(x,y,t-s)}{\partial t}\mathrm{e}^{-\frac{t-s}{t}} - \frac{1}{\tau}G(x,y,t-s)\mathrm{e}^{-\frac{t-s}{t}}\right]\mathrm{d}y\mathrm{d}s$$

$$= \frac{1}{\tau}\int_{0}^{l}\delta(x-y)W(y,t)\,\mathrm{d}y + \frac{1}{\tau}\int_{-\infty}^{t}\int_{0}^{l} W(y,s)\mathrm{e}^{-\frac{t-s}{t}}$$

$$\left[\frac{\partial G(x,y,t-s)}{\partial t} - \frac{1}{\tau}G(x,y,t-s)\right]\mathrm{d}y\mathrm{d}s$$

$$= \frac{1}{\tau}W(x,t) - \frac{1}{\tau}\int_{-\infty}^{t}\int_{0}^{l} G(x,y,t-s)\frac{1}{\tau}\mathrm{e}^{-\frac{t-s}{t}}W(y,s)\,\mathrm{d}y\mathrm{d}s +$$

$$D\int_{-\infty}^{t}\int_{0}^{l}\frac{\partial^{2}G(x,y,t-s)}{\partial x^{2}}\frac{1}{\tau}\mathrm{e}^{-\frac{t-s}{t}}W(y,s)\mathrm{d}y\mathrm{d}s$$

$$=\frac{1}{\tau}(W-V)+D\Delta V$$

（2）非局部时滞项在二维空间上的转化推导

以下为二维空间上的初边值问题：

$$\begin{cases}\dfrac{\partial G}{\partial t}=D\left(\dfrac{\partial^{2}G}{\partial X^{2}}+\dfrac{\partial^{2}G}{\partial Y^{2}}\right),&(X,Y)\in\varPhi=[0,l]\times[0,l],t>0\\[3mm]\dfrac{\partial G}{\partial\boldsymbol{n}}=0,&t>0\\[3mm]G(\boldsymbol{x},\boldsymbol{y},0)=\delta(\boldsymbol{x}-\boldsymbol{y}),&\boldsymbol{x},\boldsymbol{y}\in\varPhi\end{cases}$$

将函数 V 对 t 求偏导得

$$\begin{aligned}\frac{\partial V}{\partial t}=&\frac{1}{\tau}\int_{\varPhi}G(\boldsymbol{x},\boldsymbol{y},0)W(\boldsymbol{y},t)\mathrm{d}\boldsymbol{y}+\frac{1}{\tau}\int_{-\infty}^{t}\int_{\varPhi}W(\boldsymbol{y},s)\\&\left[\frac{\partial G(\boldsymbol{x},\boldsymbol{y},t-s)}{\partial t}\mathrm{e}^{-\frac{t-s}{\tau}}-\frac{1}{\tau}G(\boldsymbol{x},\boldsymbol{y},t-s)\,\mathrm{e}^{-\frac{t-s}{\tau}}\right]\mathrm{d}\boldsymbol{y}\mathrm{d}s\\=&\frac{1}{\tau}\int_{\varPhi}\delta(\boldsymbol{x}-\boldsymbol{y})W(\boldsymbol{y},t)\mathrm{d}\boldsymbol{y}+\frac{1}{\tau}\int_{-\infty}^{t}\int_{\varPhi}W(\boldsymbol{y},s)\mathrm{e}^{-\frac{t-s}{\tau}}\\&\left[\frac{\partial G(\boldsymbol{x},\boldsymbol{y},t-s)}{\partial t}-\frac{1}{\tau}G(\boldsymbol{x},\boldsymbol{y},t-s)\right]\mathrm{d}\boldsymbol{y}\mathrm{d}s\\=&\frac{1}{\tau}W(\boldsymbol{x},t)-\frac{1}{\tau}\int_{-\infty}^{t}\int_{\varPhi}\frac{1}{\tau}\mathrm{e}^{-\frac{t-s}{\tau}}W(\boldsymbol{y},s)G(\boldsymbol{x},\boldsymbol{y},t-s)\mathrm{d}\boldsymbol{y}\mathrm{d}s+\\&D\int_{-\infty}^{t}\int_{\varPhi}\left(\frac{\partial^{2}G(\boldsymbol{x},\boldsymbol{y},t-s)}{\partial X^{2}}+\frac{\partial^{2}G(\boldsymbol{x},\boldsymbol{y},t-s)}{\partial Y^{2}}\right)\frac{1}{\tau}\mathrm{e}^{-\frac{t-s}{\tau}}W(\boldsymbol{y},s)\mathrm{d}\boldsymbol{y}\mathrm{d}s\\=&\frac{1}{\tau}(W-V)+D\Delta V\end{aligned}$$

这里主要考虑系统在二维空间上的动力学行为。根据以上推导，可以将模型（3.37）转化为以下形式：

$$\begin{cases} \dfrac{\partial N}{\partial T} = RJ\dfrac{\alpha N^2}{1+\gamma W}V - MN + D_1\Delta N \\[3mm] \dfrac{\partial W}{\partial T} = A - LW - R\dfrac{\alpha N^2}{1+\gamma W}V + D_2\Delta W \\[3mm] \dfrac{\partial V}{\partial T} = \dfrac{1}{\tau}(W-V) + D_3\Delta V \end{cases} \quad (3.39)$$

进行无量纲化:

$$w = \frac{\sqrt{\alpha}\sqrt{R}J}{\sqrt{L}}W, n = \frac{\sqrt{\alpha}\sqrt{R}}{\sqrt{L}}N, v = \frac{\sqrt{\alpha}\sqrt{R}J}{\sqrt{L}}V, a = \frac{\sqrt{\alpha}\sqrt{R}J}{L\sqrt{L}}A, t = LT$$

$$c = \frac{\gamma\sqrt{L}}{\alpha\sqrt{R}}, \beta = \frac{D_2}{D_1}, d = \frac{D_3}{D_1}, m = \frac{M}{L}, x = \frac{\sqrt{L}}{\sqrt{D_1}}X, y = \frac{\sqrt{L}}{\sqrt{D_1}}Y$$

模型(3.39)可转化为以下形式:

$$\begin{cases} \dfrac{\partial n}{\partial t} = \dfrac{n^2}{1+cn}v - mn + \Delta n \\[3mm] \dfrac{\partial w}{\partial t} = a - w - \dfrac{n^2}{1+cn}v + \beta\Delta w \\[3mm] \dfrac{\partial v}{\partial t} = \dfrac{1}{\tau}(w-v) + d\Delta v \end{cases} \quad (3.40)$$

通过计算可以得到模型(3.40)的 3 个平衡点:

$$E_0 = (0, a, a)$$

$$E_1 = \left(\frac{a - cm - \sqrt{(cm-a)^2 - 4m^2}}{2m}, \frac{a + cm + \sqrt{(cm-a)^2 - 4m^2}}{2}, \right.$$
$$\left. \frac{a + cm + \sqrt{(cm-a)^2 - 4m^2}}{2} \right)$$

$$E_2 = \left(\frac{a - cm + \sqrt{(cm-a)^2 - 4m^2}}{2m}, \frac{a + cm - \sqrt{(cm-a)^2 - 4m^2}}{2}, \right.$$
$$\left. \frac{a + cm - \sqrt{(cm-a)^2 - 4m^2}}{2} \right)$$

E_0 表示裸地平衡点。当且仅当 $a>(2+c)m$ 成立,平衡点 E_1 和 E_2 存在。

模型(3.40)在平衡点 E_1 处的线性化系统如下:

$$\begin{cases} \dfrac{\partial n}{\partial t} = a_{11}n + a_{12}w + a_{13}v \\[2mm] \dfrac{\partial w}{\partial t} = a_{21}n + a_{22}w + a_{23}v \\[2mm] \dfrac{\partial v}{\partial t} = a_{31}n + a_{32}w + a_{33}v \end{cases}$$

其中,

$$a_{11} = \frac{2m^2}{-c^2m + ac + 2m + \sqrt{a^2 - 2acm - 4m^2 + c^2m^2}}, a_{12} = 0$$

$$a_{13} = \frac{(a - cm + \sqrt{a^2 - 2acm + c^2m^2 - 4m^2})^2}{2m(-c^2m + \sqrt{c^2m^2 + a^2 - 2acm - 4m^2} + ac + 2m}$$

$$a_{21} = \frac{1}{2} \frac{(-cm + a + \sqrt{c^2m^2 + a^2 - 2acm - 4m^2})(-cm - a + \sqrt{c^2m^2 + a^2 - 2acm - 4m^2})}{(-c^2m + ac + 2m + \sqrt{c^2m^2 + a^2 - 2acm - 4m^2})^2}$$

$$(-c^2m + 4m + ac + \sqrt{c^2m^2 + a^2 - 2acm - 4m^2})$$

$$a_{22} = -1, a_{23} = \frac{(a - cm + \sqrt{c^2m^2 + a^2 - 2acm - 4m^2})^2}{2m(-c^2m + ac + 2m + \sqrt{c^2m^2 + a^2 - 2acm - 4m^2})}$$

$$a_{31} = 0, a_{32} = \frac{1}{\tau}, a_{33} = -\frac{1}{\tau}$$

进一步可得特征方程如下:

$$\varpi^3 + \tilde{l}_1(0)\varpi^2 + \tilde{l}_2(0)\varpi + \tilde{l}_3(0) = 0$$

其中, $\tilde{l}_1(0), \tilde{l}_2(0), \tilde{l}_3(0)$ 已知。

根据 Routh-Hurwitz 准则, 平衡态 E_1 稳定的充分条件为:

$$\begin{cases} \tilde{l}_1(0) > 0 \\[2mm] \tilde{l}_3(0) > 0 \\[2mm] \tilde{l}_1(0)\tilde{l}_2(0) - \tilde{l}_3(0) > 0 \end{cases}$$

经过计算,上式中的 3 个条件不能同时满足,E_1 是不稳定的。

模型(3.40)在平衡点 E_2 的线性化系统为:

$$
\begin{cases}
\dfrac{\partial n}{\partial t} = a_{11}n + a_{12}w + a_{13}v + \Delta n \\[2mm]
\dfrac{\partial w}{\partial t} = a_{21}n + a_{22}w + a_{23}v + \beta\Delta w \\[2mm]
\dfrac{\partial v}{\partial t} = a_{31}n + a_{32}w + a_{33}v + \Delta v
\end{cases}
\tag{3.41}
$$

其中, $a_{11} = \dfrac{2m^2}{m+a+\sqrt{a^2-2am-3m^2}}, a_{12}=0,$

$$
a_{13} = \frac{(a-m+\sqrt{a^2-2am-3m^2})^2}{2m(m+a+\sqrt{a^2-2am-3m^2})}
$$

$$
a_{21} = \frac{1}{2}\frac{(a-m+\sqrt{a^2-2am-3m^2})(-m-a+\sqrt{a^2-2am-3m^2})(3m+a+\sqrt{a^2-2am-3m^2})}{(m+a+\sqrt{a^2-2am-3m^2})^2}
$$

$$
a_{22}=-1, a_{23} = -\frac{(a-m+\sqrt{a^2-2am-3m^2})}{2m(m+a+\sqrt{a^2-2am-3m^2})}
$$

$$
a_{31}=0, a_{32}=\frac{1}{\tau}, a_{33}=-\frac{1}{\tau}
$$

令

$$
\begin{pmatrix} n \\ w \\ v \end{pmatrix} = \begin{pmatrix} \vartheta_1 \\ \vartheta_2 \\ \vartheta_3 \end{pmatrix} e^{\lambda t + ik \cdot r} + c.c + O(\varepsilon^2)
$$

其中, $r=(X,Y)$, $k=(k_X, k_Y)$, λ 是在时间 t 上的扰动增长率, $i^2=-1$。特征方程为:

$$
\det A = \begin{vmatrix}
a_{11}-k^2-\lambda & a_{12} & a_{13} \\
a_{21} & a_{22}-\beta k^2-\lambda & a_{23} \\
a_{31} & a_{32} & a_{33}-k^2
\end{vmatrix} = 0
$$

等价于

$$\lambda^3 + l_1(k)\lambda^2 + l_2(k)\lambda + + l_3(k) = 0$$

其中，$l_1(k)$，$l_2(k)$，$l_3(k)$ 已知。当系统(3.41)不含扩散项时，对应的特征方程为：

$$\lambda^3 + l_1(0)\lambda^2 + l_2(0)\lambda + l_3(0) = 0$$

根据 Routh-Hurwitz 判据，平衡点 E_2 稳定的条件为：

$$\begin{cases} l_1(0) > 0 \\ l_3(0) > 0 \\ l_1(0)l_2(0) - l_3(0) > 0 \end{cases} \quad (3.42)$$

产生图灵斑图的条件是平衡点 E_2 在系统(3.40)无扩散时是稳定的。有扩散时系统(3.40)在平衡点 E_2 变得不稳定。以下分 3 种情形进行讨论。

情形 1 $l_1(k) > 0$

$l_1(k) = (\beta + d + 1)\tau k^2 + l_1(0)$，容易证明当 $l_1(0) > 0$ 时有 $l_1(k) > 0$。

情形 2 $l_3(k) > 0$

令 $l_3(k) = F(z)$，$z = k^2$，则 $F(z) = f_1 z^3 + f_2 z^2 + f_3 z + f_4$，其中 f_1，f_2，f_3，f_4 已知。

$F(z)$ 有两个极值点：$z_1 = \dfrac{-f_2 + \sqrt{f_2^2 - 3f_1 f_3}}{3f_1}$，$z_2 = \dfrac{-f_2 - \sqrt{f_2^2 - 3f_1 f_3}}{3f_1}$，且 $z_1 = z_{\min} > z_{\max} = z_2$。$z_1$，$z_2$ 分别为 $F(z)$ 的极小值点和极大值点。

综上所述，在式(3.42)的条件下，结合以下不等式，可以推导出图灵斑图产生的条件为：

$$\begin{cases} f_2^2 - 3f_1 f_3 > 0 \\ z_{\min} = z_1 > 0 \\ F(z_1) < 0 \end{cases}$$

情形 3 $l_1(k)l_2(k) - l_3(k) > 0$

令 $P(z) = l_1(k)l_2(k) - l_3(k)$，$z = k^2$，则 $P(z) = p_1 z^3 + p_2 z^2 + p_3 z + p_4$，这里 p_1，p_2，

p_3, p_4 已知。$P(z)$ 有两个极值点：$z_1 = \dfrac{-p_2 + \sqrt{p_2^2 - 3p_1 p_3}}{3p_1}$，$z_2 = \dfrac{-p_2 - \sqrt{p_2^2 - 3p_1 p_3}}{3p_1}$，且 z_1 为极小值点。

综上所述，生成图灵斑图的充分条件为式(3.42)并结合以下不等式：

$$\begin{cases} p_2^2 - 3p_1 p_3 > 0 \\ z_{\min} = z_1 > 0 \\ P(z_{\min}) = P(z_1) < 0 \end{cases}$$

如图 3.10 所示展示了图灵斑图区域，该区域由参数 m 和 τ 组成，其他参数 $a = 3.5$，$b = 50$，$c = 1$，$d = 1$。T 区域为产生图灵斑图的区域。

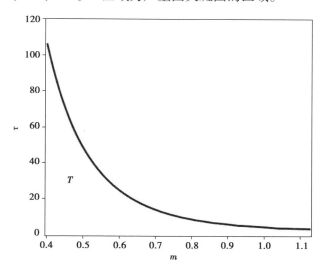

图 3.10　模型(3.40)分岔图，T 是产生图灵斑图的区域

3.3.2　主要结果

在这一部分中，通过数值模拟分析了系统(3.40)的动力学行为。边界条件为诺伊曼边界。选择的空间区域为 $[0,100] \times [0,100]$，时间长度为 $T = 1\,000$。以下主要通过数值模拟研究非局部相互作用强度 τ 和功能反应系数 c 对植被斑图的影响。

首先研究不同的 τ 对植被斑图的影响。如图 3.11 和图 3.12 所示分别为 $\tau = 1.98$ 和 $\tau = 2.45$ 时的植被斑图演化过程。其他参数 $a = 3.5, m = 1.0, b = 50, c = 1, d = 1$。从这两幅图可知,植被斑图在开始时是均匀分布的。随着时间的延长,植被分布变得不均匀。当时间足够大时,会出现规则的图案,这表明植被最终会聚集在一起。如图 3.13 所示为不同的 τ 对应的植被斑图。从图 3.13 可知,随着 τ 的逐渐增大,植被斑图由间隙状向点状结构转化,这意味着植被生态系统的稳定性降低,容易发生荒漠化。

图 3.14 展示了不同的 τ 对应的植被二维空间分布,它可以直观地反映植被密度随空间位置的变化。图 3.15 更准确地给出了植被平均密度随参数 τ 变化的过程。从图上可知,参数 τ 对植被密度的影响呈现抛物线现象。具体来讲,参数 τ 存在一个阈值。当 τ 小于该阈值时,植被密度随 τ 的增大而减小;当 τ 大于该阈值时,植被密度随 τ 的增加而增大。

以下分析不同的功能反应系数 c 对植被斑图形成的影响,其他参数 $a = 3.5, m = 1.0, \beta = 50, \tau = 1.51, d = 1$。图 3.16 展示了功能反应系数 c 与平均植被密度的关系,可以看出,参数 c 与平均植被密度呈正相关关系:c 越大,平均植被密度越大;相反,平均植被密度较小。此外,随着时间的延长,植被平均密度趋于一常数。值得注意的是,当 $c = 0$ 时,即模型没有加入 Holling-II 功能反应函数时,植被平均密度最低。

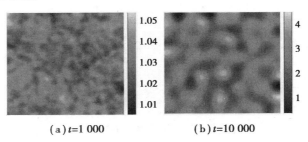

(a) $t = 1\ 000$ (b) $t = 10\ 000$

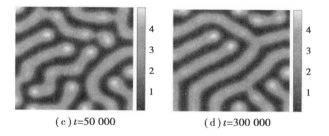

(c) t=50 000　　　　(d) t=300 000

图 3.11　当 τ=1.98 时,植被斑图随时间的演化

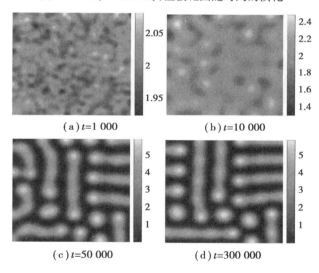

(a) t=1 000　　　　(b) t=10 000

(c) t=50 000　　　　(d) t=300 000

图 3.12　当 τ=2.45 时,植被斑图随时间的演化

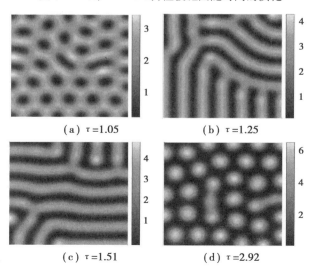

(a) τ=1.05　　　　(b) τ=1.25

(c) τ=1.51　　　　(d) τ=2.92

图 3.13　当 a=3.5,m=1.0,β=50,c=1,d=1 时,不同的 τ 对应的植被斑图

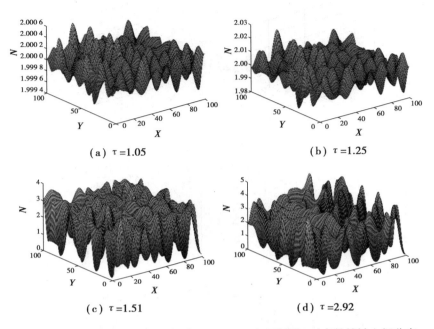

图 3.14 当 $a=3.5, m=1.0, \beta=50, c=1, d=1$ 时,不同的 τ 对应的植被空间分布

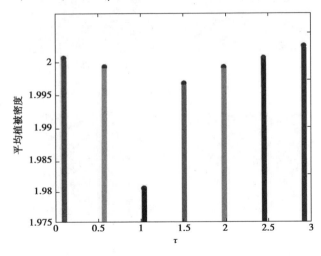

图 3.15 植被平均密度随参数 τ 变化的过程

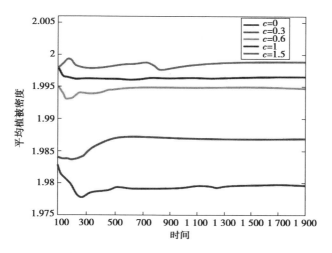

图 3.16　平均植被密度与参数 c 的关系

3.4　本章小结

本章分别将具有强核和弱核的非局部时滞项引入植被-水模型中,考虑到植被根系吸水的非局部效应,分别将双变量模型转化为三变量和四变量的模型,并证明了两个模型在渐近动力学性态方面是等价的。通过数学分析,得到了植被系统产生图灵斑图的条件。利用多尺度分析理论,推导出了振幅方程,得到了参数与斑图结构之间的对应关系。

对具有强核项的非局部时滞植被模型,主要考虑了非局部相互作用强度 τ、水扩散系数 β 与植被斑图结构的关系。在其他参数不变的情况下,通过改变非局部相互作用强度和水扩散系数,发现两种情形都会诱导植被斑图的形成。研究结果表明,随着非局部相互作用强度增大,植被斑图的隔离度不断增大,点状结构个数不断增加,非局部相互作用强度增加不利于生态系统稳健性的提高。值得注意的是,非局部相互作用强度的变化并不会引起植被斑图的相变。与之不同的是,水扩散系数的增加导致了斑图结构的变化:条纹斑图→混合状斑图→点状斑图。这表明水扩散系数对该地区植被分布有重要影响,当水扩散系数增加到一定程度时,可能导致该地区荒漠化的发生。

对具有弱核项的非局部时滞和 Holling-Ⅱ 功能反应函数植被模型,主要研究了非局部相互作用强度下τ和功能反应系数c对植被斑图结构的影响。结果表明,当参数τ固定时,随着时间的延长,该植被生态系统会出现规则的图案。当参数τ小于阈值时,随着τ的增大,植被平均密度逐渐减小;反之,植被平均密度随τ的增大而增大。此外,随着τ的逐渐增加,植被斑图由间隙状向点状结构转化,意味着植被生态系统的稳定性逐渐降低。功能反应系数c与平均植被密度呈正相关关系。当模型没有引入 Holling-Ⅱ 功能反应函数时,平均植被密度最低。

从本章的结论可以得出,非局部时滞对植被斑图起着重要的作用。研究结果为植被保护和荒漠化预警提供了理论依据。

第 4 章　具有记忆效应的植食动物-植被模型的稳态分支研究

　　扩散是描述宏观和微观物质在空间中随机运动的过程,是物质(粒子或分子)、热动量或光的自发扩散。扩散意味着向相邻位置移动的概率在所有方向上都是相同的。然而,自然界中动物的运动不遵循布朗运动规律。例如,在现实世界中,有种现象被称为趋化,它是细胞的定向运动,是对化学物质的吸引或排斥引起的。特别是对生态学中的捕食者-猎物模型,除了捕食者的随机扩散外,捕食者和猎物之间的空间运动形式是追逐和逃避。这种运动不是随机的,而是有方向性的:捕食者向猎物分布梯度方向移动,或者猎物向捕食者分布梯度相反的方向移动。

　　影响动物运动的关键因素之一是认知。不同于其他形式的动物运动,个体之间的感知、信息共享和各种形式的记忆在运动决策中起着重要的作用。在动物迁移期间,可用性的资源在可预测的情况下,基于记忆的迁移机制将会成为首选。空间记忆会随着时间的推移而退化,它是生物景观中对空间位置的记忆,有助于提高运动效率。现实中动物基于记忆的空间运动具有延迟效应。

　　图灵斑图是图灵分支的产物,它是系统的一种非常数稳态解。图灵分支产生的条件是系统在没有扩散时稳定,在有扩散时不稳定,图灵分支本质上是由扩散引起的。但稳态分支只需系统在常数稳态解附近有一个简单的零特征值且同时满足横截条件,则系统在常数稳态解附近会发生稳态分支。图灵分支是一种特殊的稳态分支。此外,图灵分支和稳态分支都会产生非常数稳态解,但两种分支解的稳定性不同。在图灵区域,产生的图灵斑图是稳定的非常数稳态解。在非图灵区域,稳态分支会产生非常数稳态解,但它不一定稳定。目前,有很多工作对系统的稳态分支进行了研究,并得到了非常数稳态解的结构。

受上述工作的启发,本章主要研究一类具有空间记忆效应和时空时滞的植食动物-植被反应扩散模型的稳态分支问题。本章的结构如下:在 4.1 节中建立了带有分布记忆效应的植食动物-植被模型;在 4.2 节中分析了模型平衡点的稳定性,找到了产生空间非齐次稳态解的条件,并对解的结构进行了分析;在 4.3 节中通过数值模拟验证了相关理论;4.4 节是本章小结。

4.1 动力学建模

首先,构建以下具有空间记忆效应的植食动物-植被模型:

$$
\begin{cases}
\dfrac{\partial H}{\partial t} = m\beta HP - aH + d_1\Delta H + d_2\mathrm{div}(H\nabla V), & x \in \Omega, t > 0 \\[2mm]
\dfrac{\partial P}{\partial t} = rP(1 - P) - \beta HP + d_3\Delta P, & x \in \Omega, t > 0 \quad (4.1) \\[2mm]
\dfrac{\partial H}{\partial \boldsymbol{n}} = \dfrac{\partial P}{\partial \boldsymbol{n}} = 0, & x \in \partial\Omega
\end{cases}
$$

其中,$H(x,t)$ 和 $P(x,t)$ 分别表示 x 位置(其中 $x \in \Omega \subset \mathbb{R}$)的植食动物和植被的种群密度。$r$ 为植被的内秉生长率,a 为死亡率。植食动物以速率 β 进食,并以速率 m 转化为自身的生长。d_1 和 d_3 分别是植食动物和植被的扩散速率,$d_2 \in \mathbb{R}$ 是基于记忆效应的扩散系数。一方面,由于资源的限制,植食动物会从记忆中动物聚集的高密度区域逃出来,因此有 $d_2 > 0$;另一方面,当资源相对充足时,植食动物会聚集在一起进行群体性工作,有 $d_2 < 0$。综上所述,当植食动物被过去的足迹吸引时有 $d_2 < 0$,当它们避开过去的轨迹时有 $d_2 > 0$。函数 $V(x,y)$ 定义为:

$$
V(x,t) = G * f * H(x,y) = \int_{-\infty}^{t}\int_{\Omega} G(x,y,t-s)f(t-s)H(y,s)\,\mathrm{d}y\mathrm{d}s
$$

其中,$f(t)$ 表示记忆依赖于过去时间的分布,其表达式为 $f(t)=\dfrac{1}{\tau}\mathrm{e}^{-\frac{t}{\tau}}$。该函数图像如图 3.1 所示,在生物学上反映了随着时间的推移动物记忆逐渐衰退的现象。$G(x,y,t)$ 表示 y 位置的动物对 x 位置的环境信息的熟悉程度,描述了动物头脑中积累的信息随着空间位置进行变化的过程。函数 $V(x,t)$ 表示 x 位置植食动物密度的平均值。

函数 $G(x,y,t)$ 满足:

$$\begin{cases} \dfrac{\partial G}{\partial t}=d\,\dfrac{\partial^2 G}{\partial x^2}, & x\in\Omega,t>0 \\[2mm] \dfrac{\partial G}{\partial \boldsymbol{n}}=0 & x,y\in\Omega,t>0 \\[2mm] G(x,y,0)=\delta(x-y) \end{cases} \qquad (4.2)$$

且有 $\displaystyle\int_{\Omega}G(x,y,t)\,\mathrm{d}x=1,y\in\Omega,t>0,\int_0^{+\infty}f(t)\,\mathrm{d}t=1$。

模型(4.1)等价于以下系统:

$$\begin{cases} \dfrac{\partial H}{\partial t}=f(H,P,V)+d_1\Delta H+d_2\mathrm{div}(H\,\nabla V), & x\in\Omega,t>0 \\[2mm] \dfrac{\partial P}{\partial t}=g(H,P,V)+d_3\Delta P, & x\in\Omega,t>0 \\[2mm] \dfrac{\partial V}{\partial t}=h(H,P,V)+d_1\Delta V & x\in\Omega,t>0 \end{cases} \qquad (4.3)$$

其中,$f(H,P,V)=m\beta HP-aH,g(H,P,V)=rP(1-P)-\beta HP,h(H,P,V)=\dfrac{1}{\tau}(H-V)$。

系统(4.3)有 3 个平衡点:

$$E_0=(0,0,0),E_1=(0,1,0),E_2=\left(\dfrac{r}{\beta}-\dfrac{ra}{m\beta^2},\dfrac{a}{m\beta},\dfrac{r}{\beta}-\dfrac{ra}{m\beta^2}\right)$$

4.2　稳态分支

本节分析系统(4.3)的稳态解的结构,所研究的空间区域为 $\Omega = [0, l\pi]$。它的稳态问题如下:

$$\begin{cases} -d_1\Delta H = m\beta HP - aH + d_2\mathrm{div}(H\nabla V), & x \in (0, l\pi) \\ -d_3\Delta P = rP(1-P) - \beta HP, & x \in (0, l\pi) \\ -d_1\Delta V = \dfrac{1}{\tau}(H-V), & x \in (0, l\pi) \\ H_x = P_x = V_x = 0, & x = 0, l\pi \end{cases} \tag{4.4}$$

考虑以下特征值问题:

$$\begin{cases} -v_{xx} = \lambda v, & x \in (0, l\pi) \\ v_x = 0, & x = 0, l\pi \end{cases}$$

上述特征值问题的特征值为 $\lambda_k = \left(\dfrac{k}{l}\right)^2, k \in \{0,1,2,\cdots\}$,其对应的归一化特征函数为

$$\phi_k(x) = \begin{cases} \dfrac{1}{\sqrt{l\pi}}, & k = 0 \\ \sqrt{\dfrac{2}{l\pi}}\cos(kx), & k \neq 0 \end{cases} \tag{4.5}$$

对方程(4.4)进行线性化,可得

$$\begin{pmatrix} \dfrac{\mathrm{d}^2}{\mathrm{d}x^2} + a_{11} & a_{12} & d_2H^*\dfrac{\mathrm{d}^2}{\mathrm{d}x^2} + a_{13} \\ a_{21} & d_3\dfrac{\mathrm{d}^2}{\mathrm{d}x^2} + a_{22} & a_{23} \\ a_{31} & a_{32} & \dfrac{\mathrm{d}^2}{\mathrm{d}x^2} + a_{33} \end{pmatrix} \begin{pmatrix} H \\ P \\ V \end{pmatrix} = 0$$

其中,H^*,P^*,V^* 为常数平衡点。

$$a_{11} = m\beta P^* - a, \quad a_{12} = 0, \quad\quad\quad a_{13} = 0$$

$$a_{21} = -\beta P^*, \quad\quad a_{22} = r - 2rP^* - \beta H^*, \quad a_{23} = 0$$

$$a_{31} = \frac{1}{\tau}, \quad\quad\quad a_{32} = 0, \quad\quad\quad\quad a_{33}^* = -\frac{1}{\tau}$$

定义以下线性化算子:

$$L(d_2) = \begin{pmatrix} \dfrac{\mathrm{d}^2}{\mathrm{d}x^2} + a_{11} & a_{12} & d_2 H^* \dfrac{\mathrm{d}^2}{\mathrm{d}x^2} + a_{13} \\[2ex] a_{21} & d_3 \dfrac{\mathrm{d}^2}{\mathrm{d}x^2} + a_{22} & a_{23} \\[2ex] a_{31} & a_{32} & \dfrac{\mathrm{d}^2}{\mathrm{d}x^2} + a_{33} \end{pmatrix}$$

特征方程 $L(d_2)(\phi,\psi,\varphi)^{\mathrm{T}} = \mu(\phi,\psi,\varphi)^{\mathrm{T}}$,其中,$\phi = \sum\limits_{k=0}^{\infty} a_k\phi_k(x)$,$\psi = \sum\limits_{k=0}^{\infty} b_k\phi_k(x)$,

$\varphi = \sum\limits_{k=0}^{\infty} c_k\phi_k(x)$,$a_k,b_k,c_k \in \mathbb{R}$。

有

$$\sum_{k=0}^{\infty} (L_k(d_2) - \mu E)((a_k,b_k,c_k)^{\mathrm{T}}\phi_k(x)) = 0$$

其中,

$$L_k(d_2) = \begin{pmatrix} -\lambda_k + a_{11} & a_{12} & -\lambda_k d_2 H^* + a_{13} \\[1.5ex] a_{21} & -\lambda_k d_3 + a_{22} & a_{23} \\[1.5ex] a_{31} & a_{32} & -\lambda_k + a_{33} \end{pmatrix}$$

特征方程为 $\left| L_k(d_2) - \mu I \right| = 0$,即

$$\mu^3 + b_1(\lambda_k)\mu^2 + b_2(\lambda_k)\mu + b_3(\lambda_k) = 0$$

以下分别对 3 个常数解进行稳定性分析。首先给出常数解稳定的条件,对任意的非负整数 k 有以下不等式成立:

$$
\begin{cases}
b_1(\lambda_k) > 0 \\
b_3(\lambda_k) > 0 \\
b_1(\lambda_k)b_2(\lambda_k) - b_3(\lambda_k) > 0
\end{cases}
\tag{4.6}
$$

定理4.1　当 $m\beta > a$ 时,对任意的 $d_2 \in \mathbb{R}$,常数解 $E_0 = (0,0,0)$ 是不稳定的。

证明:将模型(4.3)在(0,0,0)线性化并得到以下特征方程:

$$
\mu^3 + b_1(\lambda_k)\mu^2 + b_2(\lambda_k)\mu + b_3(\lambda_k) = 0
$$

其中,

$$
b_1(\lambda_k) = \frac{1}{\tau}(2\lambda_k^2 d_1 \tau + \lambda_k^2 d_3 \tau + a\tau - r\tau + 1)
$$

$$
b_2(\lambda_k) = \frac{1}{\tau}(\lambda_k^4 d_1 \tau(d_1 + 2d_3) + \lambda_k^2(d_1 a\tau - 2d_1 r\tau + d_3 a\tau + d_1 + d_3) - ar\tau + a - r)
$$

$$
b_3(\lambda_k) = \frac{1}{\tau}(\lambda_k^2 d_1 + a)(\lambda_k^2 d_3 - r)(\lambda_k^2 d_1 \tau + 1)
$$

当 $k=0$ 时, $b_3(\lambda_k) = -\dfrac{ar}{\tau} < 0$,不满足式(4.6)的条件,常数解(0,0,0)不稳定。

证毕。

定理4.2　当 $m\beta > a$ 时,对任意的 $d_2 \in \mathbb{R}$,常数解 $E_1 = (0,1,0)$ 是不稳定的。

证明:如同上述证明,将模型(4.3)在(0,1,0)线性化并得到以下特征方程:

$$
\mu^3 + b_1(\lambda_k)\mu^2 + b_2(\lambda_k)\mu + b_3(\lambda_k) = 0
$$

其中,

$$
b_1(\lambda_k) = \frac{1}{\tau}(2d_1 \tau \lambda_k^2 + d_3 \tau \lambda_k^2 - \beta m\tau + a\tau + r\tau + 1)
$$

$$
b_2(\lambda_k) = d_1(d_1 + 2d_3)\lambda_k^4 - \frac{1}{\tau}(\beta d_1 m\tau + \beta d_3 m\tau - d_1 a\tau - 2d_1 \tau - d_2 a\tau - d_1 - d_3)\lambda_k^2 -
$$

$$
\frac{1}{\tau}(\beta mr\tau - ar\tau + \beta m - a - r)
$$

$$
b_3(\lambda_k) = \frac{1}{\tau}(\lambda_k^2 - \beta m + a)(d_3\lambda_k^2 + r)(d_1 \tau \lambda_k^2 + 1)
$$

当 $k=0$ 时,因为 $m\beta > a$,所以有 $b_3(\lambda_k) = \dfrac{a - m\beta}{\tau} < 0$ 。常数解(0,1,0)不稳定。

证毕。

以下讨论常数解 E_2 的稳定性。首先得到系统在 E_2 处的特征方程：

$$\mu^3 + b_1(\lambda_k)\mu^2 + b_2(\lambda_k)\mu + b_3(\lambda_k) = 0 \tag{4.7}$$

其中，

$$b_1(\lambda_k) = \frac{2\lambda_k\beta d_1 m\tau + \lambda_k\beta d_3 m\tau + ar\tau + \beta m}{m\beta\tau}$$

$$b_2(\lambda_k) = d_1(d_1 + 2d_3)\lambda_k^2 + \frac{\lambda_k}{m\beta^2\tau}(2\beta d_1 ar\tau + \beta^2 d_1 m + \beta^2 d_3 m + \beta d_2 mr - d_2 ar) +$$

$$\frac{1}{\beta m\tau}\left[ar(\beta m\tau - a\tau + 1)\right]$$

$$b_3(\lambda_k) = d_1^2 d_3\lambda_k^3 + \frac{(\beta d_1^2 ar\tau + \beta^2 d_1 d_3 m + \beta d_2 d_3 mr - d_2 d_3 ar)\lambda_k^2}{m\beta^2\tau} +$$

$$\frac{ra(\beta^3 d_1 m^2\tau - \beta^2 d_1 am\tau + \beta^2 d_1 m + \beta d_2 mr - d_2 ar)\lambda_k}{\tau\, m^2\beta^3} + \frac{ar(\beta m - a)}{m\beta\tau}$$

定理4.3 对 $k \in \mathbf{N}$,定义

$$d_{2k} = -\frac{1}{r(\beta m - a)\lambda_k(\lambda_k\beta d_3 m + ar)}\big[\beta^2 m(\lambda_k^3\beta d_1^2 d_3 m\tau + \lambda_k^2 d_1^2 ar\tau +$$

$$\lambda_k\beta d_1 amr\tau + \lambda_k^2\beta d_1 d_3 m - \lambda_k d_1 a^2 r\tau + \lambda_k d_1 ar + \beta amr - a^2 r)\big]$$

$$\tag{4.8}$$

①当 $d_2 > d_{2\max}$ 时,对所有的非负整数 k,$E_2 = (H_2, P_2, V_2)$ 是渐近稳定的。

②当 $d_2 < d_{2k}$ 时,对某些 $k \geqslant 1$,$E_2 = (H_2, P_2, V_2)$ 是不稳定的。

证明:选取 d_2 作为分支参数,容易验证当 $d_2 = d_{2k}$ 时,$b_3(\lambda_k) = 0$ 成立,特征方程有一个零特征值。$b_1(\lambda_k) > 0$,$b_1(\lambda_k)b_2(\lambda_k) - b_3(\lambda_k) > 0$,根据不等式(4.6),$E_2$ 的稳定性取决于 $b_3(\lambda_k)$。当 $k = 0$ 时,$b_3(0) = \dfrac{ar(\beta m - a)}{m\beta\tau} > 0$。当 k 取正整数时,若 $d_2 > d_{2\max}$,可推得 $b_3(\lambda_k) > 0$,E_2 是渐近稳定的;若 $d_2 < d_{2k}$,对某些 $k \geqslant 1$,有 $b_3(\lambda_k) < 0$,E_2 是不稳定的。证毕。

以下分析系统(4.3)的稳态分支。以常数解 $E_2 = (H_2, P_2, V_2)$ 为例进行研

究。选取 d_2 为分支参数,给出以下定理。

定理 4.4 令 $\Lambda = \{k \mid k \geqslant 1, b_3(\lambda_k, 0) > 0\}$, $m\beta > a$,则对任意的 $k \in \Lambda$。系统 (4.3) 在 $(d_{2k}, (H_2, P_2, W_2))$ 处发生稳态分支。

证明:d_{2k} 在式(4.8)中已经给出,对任意的 $k \in \Lambda$ 时,有 $b_3(\lambda_k, d_{2k}) = 0$ 且关于 d_2 求导有:

$$b'_3(\lambda_k, d_{2k}) = \frac{(\beta m - a) d_3 r \lambda_k^2}{m \beta^2 \tau} + \frac{(\beta m - a) r^2 a \lambda_k}{m^2 \beta^3 \tau} > 0$$

系统(4.3)在 $(d_{2k}, (H_2, P_2, W_2))$ 处发生稳态分支。证毕。

4.3 非常数稳态解的结构

本节分析式(4.4)的非常数稳态解的结构。分为两种情形来讨论:①单特征值情形;②双特征值情形。首先考虑单特征值的情形,利用 Crakdall-Rabikowitz(1971)的定理 1.7 来分析系统(4.3)的局部分支。

定理 4.5 d_{2k} 在式(4.8)给出,假设 λ_k 是式(4.5)的一个单特征值,且当 $k, p \in \Lambda, p \neq k$ 时,有 $d_{2p} \neq d_{2k}$,则 $(d_{2k}, (H_2, P_2, V_2))$ 是 $I(d_{2k}, (H_2, P_2, V_2)) = 0$ 的分支点。具体来讲,对充分小的 $|s|$,存在一非常数解曲线 $\Gamma_k(s) = (d_2(s), (H(s), P(s), V(s)))$ 满足 $d_2(0) = d_{2k}, (H(0), P(0), V(0)) = (H_2, P_2, V_2), H(s) = H_2 + s\phi_k + o(s^2), P(s) = P_2 + sb_k\phi_k + o(s^2), V(s) = V_2 + sc_k\phi_k + o(s^2)$,其中,$b_k = \dfrac{-a\beta}{ra + d_3 m \beta \lambda_k}, c_k = \dfrac{1}{1 + d_1 \tau \lambda_k}$。

证明:利用 Crakdall-Rabikowitz(1971)的定理 1.7 来分析系统(4.3)的局部分支。首先,令

$$X = \{(H, P, V) \in W^{2,2}(0, l\pi)^3, H' = P' = V' = 0, x = 0, l\pi\}, Y = L^2(0, l\pi) \times L^2(0, l\pi) \times L^2(0, l\pi)。$$

定义以下映射 $I: \mathbb{R}^+ \times X \to Y$:

$$I(d_2,(H,P,V)):=\begin{pmatrix} m\beta HP - aH + d_2H_2V'' + d_1H'' \\ rp(1-p) - \beta HP + d_3P'' \\ \dfrac{1}{\tau}(H-V) + d_1V'' \end{pmatrix} \tag{4.9}$$

映射 I 的零解是系统(4.3)的稳态解。I 在 (H_2,P_2,V_2) 处的 Fréchet 导数为：

$$I_{(H,P,V)}(d_{2k},(H_2,P_2,V_2)) = F(d_{2k})$$

$$=\begin{pmatrix} m\beta P_2 - a + d_1\dfrac{\mathrm{d}^2}{\mathrm{d}x^2} & m\beta H_2 & d_{2k}H_2\dfrac{\mathrm{d}^2}{\mathrm{d}x^2} \\ -\beta P_2 & r - 2rP_2 - \beta H_2 + d_3\dfrac{\mathrm{d}^2}{\mathrm{d}x^2} & 0 \\ \dfrac{1}{\tau} & 0 & -\dfrac{1}{\tau} + d_1\dfrac{\mathrm{d}^2}{\mathrm{d}x^2} \end{pmatrix}$$

要证明 (d_{2k},U^*) 是 $I(d_2,U)=0$ 的一个分支点需满足以下 3 个条件：

① I_{d_2},I_U,I_{d_2U} 存在且连续；

② $\dim\mathrm{aer}I_U(d_{2k},U^*) = \mathrm{codim}R(I_U(d_{2k},U^*)) = 1$；

③ $I_{d_2U}(d_{2k},U^*)\Psi\notin R(I_U(d_{2k},U^*))$，其中 $\Phi\in\mathrm{aer}I_U(d_{2k},U^*)$；

从式(4.9)容易得到 I_{d_2},I_U,I_{d_2U} 存在且连续。定义 $F(d_{2k})$ 的 0 特征值对应的特征向量为 $(a_k\phi_k,b_k\phi_k,c_k\phi_k)^T$。令 $a_k=1$ 通过计算可得 $b_k=\dfrac{-a\beta}{ra+d_3m\beta\lambda_k}$，

$c_k=\dfrac{1}{1+d_1\tau\lambda_k}$。$\mathrm{aer}F(d_{2k}) = \mathrm{spak}\{\Phi_k\}$，$\Phi_k=(1,b_k,c_k)^T\phi_k$，$\dim\mathrm{aer}F(d_{2k})=1$。

$F(d_{2k})$ 的伴随算子为：

$$F^*(d_{2k})=$$

$$\begin{pmatrix} \left(d_3\dfrac{\mathrm{d}^2}{\mathrm{d}x^2}-\dfrac{ra}{m\beta}\right)\left(d_1\dfrac{\mathrm{d}^2}{\mathrm{d}x^2}-\dfrac{1}{\tau}\right) & m\beta H_2\left(\dfrac{1}{\tau}-d_1\dfrac{\mathrm{d}^2}{\mathrm{d}x^2}\right) & d_{2k}H_2\dfrac{\mathrm{d}^2}{\mathrm{d}x^2}\left(-d_3\dfrac{\mathrm{d}^2}{\mathrm{d}x^2}+\dfrac{ra}{m\beta}\right) \\ \dfrac{a}{m}\left(d_1\dfrac{\mathrm{d}^2}{\mathrm{d}x^2}-\dfrac{1}{\tau}\right) & \dfrac{d_1}{\tau}-\left(d_1^2+\dfrac{1}{\tau}d_{2k}H_2\dfrac{\mathrm{d}^2}{\mathrm{d}x^2}\right) & \dfrac{a}{m}d_{2k}H_2\dfrac{\mathrm{d}^2}{\mathrm{d}x^2} \\ \dfrac{1}{\tau}\left(-d_3\dfrac{\mathrm{d}^2}{\mathrm{d}x^2}+\dfrac{ra}{m\beta}\right) & \dfrac{1}{\tau}m\beta H_2 & d_1\dfrac{\mathrm{d}^2}{\mathrm{d}x^2}\left(-\dfrac{ra}{m\beta}+d_3\dfrac{\mathrm{d}^2}{\mathrm{d}x^2}\right)+a\beta H_2 \end{pmatrix}$$

可以得到 $\mathrm{aer}F^*(d_{2k})=\mathrm{spak}\{\varPhi_k^*\}$，其中

$$\varPhi_k^* = \begin{pmatrix} 1 \\ b_k^* \\ c_k^* \end{pmatrix}\phi_a, b_k^* = \frac{-\tau d_1 D_1 D_2 - d_{2a}H_2 D_1}{\tau m\beta d_1 H_2 D_2 + d_{2k}H_2^2 m\beta}$$

$$c_k^* = -\frac{D_1 + m\beta H_2 b_k}{\tau d_1 \lambda_k D_1}, D_1 = \frac{ra}{m\beta} + d_3\lambda_k, D_2 = \frac{1}{\tau} + d_1\lambda_k$$

因为像空间满足：$R(F(d_{2k}))=(\mathrm{aer}F^*(d_{2k}))^\perp$，所以有：

$$\mathrm{codim}R(F(d_{2k})) = 1 = \dim(\mathrm{aer}F(d_{2k}))$$

又因为

$$I(d_2,(H,P,V))(d_{2k},(H_2,P_2,V_2))\varPhi_k = \begin{pmatrix} 0 & 0 & H_2\dfrac{\mathrm{d}^2}{\mathrm{d}x^2} \\ 0 & 0 & 0 \\ 0 & 0 & 0 \end{pmatrix}\varPhi_k = \begin{pmatrix} -\dfrac{\lambda_k\phi_k H_2}{1+d_1\tau\lambda_k} \\ 0 \\ 0 \end{pmatrix}$$

并且有 $\langle I(d_2,(H,P,V))(d_{2k},(H_2,P_2,V_2))\varPhi_k,\varPhi_k^*\rangle_Y = -\int_0^{l\pi}\dfrac{\lambda_k\phi_a^2 H_2}{1+d_1\tau\lambda_k}\mathrm{d}x < 0$，所以有

$$I(d_2,(H,P,V))(d_{2k},(H_2,P_2,V_2))\varPhi_k \notin R(F(d_{2k}))$$

$I(d_2,U)=0$ 的解集由曲线 $U=U^*$ 和 $\{(d_2(s),U(s)):s\in(-\epsilon,\epsilon)\}$ 组成，其中，$U(s)=U^*+s\varPhi+o(s^2)$，$d_2(0)=d_{2k}$。证毕。

以下为双特征值的情形，利用隐函数定理和空间分解来分析系统(4.3)的局部分支。

定理 4.6 假设存在一非负整数 $k(\neq p)$，$k,p\in\Lambda$ 使得 $d_{2k}=d_{2p}=\widehat{d_2}$。令

$$\varPhi_k = \begin{pmatrix} 1 \\ b_k \\ c_k \end{pmatrix}\phi_k, \quad \varPhi_k^* = \begin{pmatrix} 1 \\ b_k^* \\ c_k^* \end{pmatrix}\phi_k$$

其中，$b_k = \dfrac{-a\beta}{ra+d_3 m\beta\lambda_k}$，$c_k = \dfrac{1}{1+d_1\tau\lambda_k}$，$b_k^* = \dfrac{-\tau d_1 D_1 D_2 - d_{2p}H_2 D_1}{\tau m\beta d_1 H_2 D_2 + d_{2k}H_2^2 m\beta}$，$D_1 = \dfrac{ra}{m\beta} + d_3\lambda_k$，

$$c_k^* = -\frac{D_1 + m\beta H_2 b_k}{\tau\,d_1\lambda_k D_1},\ D_2 = \frac{1}{\tau} + d_1\lambda_k\text{。 此外,令}$$

$$X_2 = \left\{(u,v,z)\ \in\ X : \int_0^{l\pi}(u + b_k^* v + c_k^* z)\phi_k\mathrm{d}x = \int_0^{l\pi}(u + b_p^* v + c_p^* z)\phi_p\mathrm{d}x = 0\right\}$$

若 $1 + b_k b_k^* + c_k c_k^* \neq 0, 1 + b_p b_p^* + c_p c_p^* \neq 0$ 且 $k = 2p$ 或 $(p = 2k)$,则 $(\widehat{d_2},(H_2,P_2,V_2))$ 是 $I(d_2,(H,P,V)) = 0$ 的分支点。此外,对充分小的 $|\omega - \omega_0|$,存在一非常数解曲线 $(d_2(\omega),U + s(\omega)(\cos\ \omega\Phi_k + \mathrm{sik}\ \omega\Phi_p + W(\omega))),d_2(\omega_0) = \widehat{d_2}, s(\omega_0) = 0$,$W(\omega_0) = 0$,这里,$U = (H_2,P_2,V_2), d_2(\omega),s(\omega),W(\omega)$ 和 $W(\omega) \in X_2$ 是关于 ω 的连续可微函数。

证明:假设存在一非负整数 $k(\neq p),k,p \in \Lambda$ 使得 $d_{2k} = d_{2p} = \widehat{d_2}$,有

$$\mathrm{aer}F(\widehat{d_2}) = \mathrm{spak}\{\Phi_k,\Phi_p\}, \mathrm{aer}F^*(\widehat{d_2}) = \mathrm{spak}\{\Phi_k^*,\Phi_p^*\}$$

$\dim\mathrm{aer}F(\widehat{d_2}) = \mathrm{codim}R(\widehat{d_2}) = 2$,则定理 4.5 中采用的 Crakdall-Rabikowitz 分支定理不适用于此情形。以下采用隐函数定理和空间分解方法来证明双特征值的情形。

第一步,通过线性变换将变量平移到原点: $(u,v,z) = (H,P,V) - (H_2,P_2,V_2)$,给出以下映射: $I := \mathbb{R}^+ \times X \to Y$。

$$I(d_2,(u,v,z)) = \begin{pmatrix} m\beta(u + H_2)(v + P_2) - a(u + H_2) + d_2 H^* z'' + d_1 u'' \\ r(v + P_2)(1 - v - P_2) - \beta(u + H_2)(v + P_2) + d_3 z'' \\ \dfrac{1}{\tau}(u + H_2 - z - V_2) + d_1 z'' \end{pmatrix}$$

$$= F(d_2)\begin{pmatrix} u \\ v \\ z \end{pmatrix} + \begin{pmatrix} f_1 \\ g_1 \\ h_1 \end{pmatrix}$$

其中,$f_1 = m\beta uv, g_1 = -rv^2 - \beta uv, h_1 = 0$。显然,$I_{(u,v,z)}(\widehat{d_2},(0,0,0)) = F(\widehat{d_2}), I(\widehat{d_2},(0,0,0)) = 0$,$(H,P,V)$ 是式(4.4)的解当且仅当 (u,v,z) 满足 $I(d_2,(u,v,z)) = 0$。

第二步，对空间进行分解：

$$X = X_1 \oplus X_2$$

其中，$X_1 = \text{spak}\{\boldsymbol{\Phi}_k, \boldsymbol{\Phi}_p\}$，$X_2$ 为

$$X_2 = \left\{ (u,v,z) \in X : \int_0^{l\pi} (u + b_k^* v + c_k^* z) \phi_k \mathrm{d}x = \int_0^{l\pi} (u + b_p^* v + c_p^* z) \phi_p \mathrm{d}x = 0 \right\}$$

$$(4.10)$$

$I(d_2, (u,v,z)) = 0$ 的解应具有以下形式：

$$(u,v,z) = s(\omega)(\cos \omega \boldsymbol{\Phi}_k + \text{sik}\, \omega \boldsymbol{\Phi}_p + W(\omega)), W = (W_1, W_2, W_3)^T \in X_2$$

其中，参数 $s, \omega \in \mathbb{R}$。为了分解 Y，在 Y 上定义了映射 P：

$$P\begin{pmatrix} u \\ v \\ z \end{pmatrix} = \frac{1}{1 + b_k b_k^* + c_k c_k^*} \int_0^{l\pi} (u + b_k^* v + c_k^* z) \phi_k \mathrm{d}x \boldsymbol{\Phi}_k +$$

$$(4.11)$$

$$\frac{1}{1 + b_p b_p^* + c_p^* z} \int_0^{l\pi} (u + b_p^* v + c_p^* z) \phi_p \mathrm{d}x \boldsymbol{\Phi}_p$$

可以得到 $R(P) = \text{spak}\{\boldsymbol{\Phi}_k, \boldsymbol{\Phi}_p\} = X_1, P^2 = P$。$P$ 是一个正交投影算子。分解 Y：$Y = Y_1 \oplus Y_2$，这里 $Y_1 = R(P) = X_1, Y_2 = \text{aer}(P) = R(F_1(\widehat{d_2})) = X_2$。

第三步，通过隐函数定理找到满足 $I(d_2, (u,v,z)) = 0$ 的非常数解 (u,v,z)。固定 $\omega_0 \in \mathbb{R}$，定义一非线性映射：$K(d_2, s, W; \omega) : \mathbb{R}^+ \times \mathbb{R} \times X_2 \times (\omega_0 - \in, \omega_0 + \in) \to Y$。

$$K(d_2, s, W; \omega) = s^{-1} I(d_2, s(\cos \omega \boldsymbol{\Phi}_k + \text{sik}\, \omega \boldsymbol{\Phi}_p + W)) k$$

$$= F(d_2)(\cos \omega \boldsymbol{\Phi}_k + \text{sik}\, \omega \boldsymbol{\Phi}_p + W) + s^{-1} \begin{pmatrix} f_1 \\ g_1 \\ h_1 \end{pmatrix}$$

$$= F(d_2)(\cos \omega \boldsymbol{\Phi}_k + \text{sik}\, \omega \boldsymbol{\Phi}_p + W) + s \begin{pmatrix} \widetilde{f_1} \\ \widetilde{g_1} \\ \widetilde{h_1} \end{pmatrix}$$

其中，

$$\widetilde{f_1} = m\beta(\phi_k\cos\omega + \phi_p\text{sik}\ \omega + W_1)(b_k\phi_k\cos\omega + b_p\phi_p\text{sik}\ \omega + W_2)$$

$$\widetilde{g_1} = -r(\,_k^b\phi_k\cos\omega + b_p\phi_p\text{sik}\ \omega + W_2)2 - \beta\widetilde{f_1},\quad \widetilde{h_1} = 0$$

$K(d_2,s,W;\omega)$ 关于 (d_2,s,W) 在 $(\widehat{d_2},0,0;\omega_0)$ 的 Fréchet 导数为:

$$K_{(d_2,s,W)}(\widehat{d_2},0,0;\omega_0)\ (d_2,s,W)$$

$$= F(\widehat{d_2})\ W - H_2 d_2\lambda_k\cos\omega_0\begin{pmatrix}\phi_k\\0\\0\end{pmatrix} - H_2 d_2\lambda_k\text{sik}\ \omega_0\begin{pmatrix}\phi_p\\0\\0\end{pmatrix} + s\beta b_k\cos^2\omega_0\begin{pmatrix}m\phi_k^2\\-\phi_k^2\\0\end{pmatrix} +$$

$$s(\beta b_p + b_k)\text{sik}\ \omega_0\cos\omega_0\begin{pmatrix}m\phi_k\phi_p\\-\phi_k\phi_p\\0\end{pmatrix} + sb_p\beta\ \text{sik}^2\omega_0\begin{pmatrix}m\phi_p^2\\-\phi_p^2\\0\end{pmatrix} - srb_k^2\cos^2\omega_0\begin{pmatrix}0\\\phi_k^2\\0\end{pmatrix} -$$

$$2srb_p b_k\text{sik}\ \omega_0\cos\omega_0\begin{pmatrix}0\\\phi_k\phi_p\\0\end{pmatrix} - srb_p^2\text{sik}^2\omega_0\begin{pmatrix}0\\\phi_p^2\\0\end{pmatrix}$$

以下证明 $K_{(d_2,s,W)}(\widehat{d_2},0,0;\omega_0):\mathbb{R}\times\mathbb{R}\times X_2\to Y$ 同构。为此,将 $K_{(d_2,s,W)}(\widehat{d_2},0,0;\omega_0)$ (d_2,s,W) 分解为以下形式:

$$K_{(d_2,s,W))}(\widehat{d_2},0,0;\omega_0)\ (d_2,s,W) = y_1 + y_2$$

其中,$y_1 \in Y_1$,$y_2 \in Y_2$。

进行以下分解:

$$\begin{pmatrix}\phi_k\\0\\0\end{pmatrix} = c_1\Phi_k + \begin{pmatrix}u_1\\v_1\\z_1\end{pmatrix},\quad \begin{pmatrix}\phi_p\\0\\0\end{pmatrix} = c_2\Phi_p + \begin{pmatrix}u_2\\v_2\\z_2\end{pmatrix}$$

将上式代入式(4.11)得

$$P\begin{pmatrix} \phi_k \\ 0 \\ 0 \end{pmatrix} = P(c_1\Phi_k) + P\begin{pmatrix} u_1 \\ v_1 \\ z_1 \end{pmatrix}, P\begin{pmatrix} \phi_p \\ 0 \\ 0 \end{pmatrix} = P(c_2\Phi_p) + P\begin{pmatrix} u_2 \\ v_2 \\ z_2 \end{pmatrix}$$

$$P(c_1\Phi_k) = c_1c_3\Phi_k, P(c_2\Phi_p) = c_2c_4\Phi_p$$

令 $c_3 = c_4 = 1$, $\int_0^{l\pi} \phi_k^2 dx = \int_0^{l\pi} \phi_p^2 dx = 1$。通过解上式得:

$$c_1 = \frac{1}{1 + b_k b_k^* + c_k c_k^*} \neq 0, \begin{pmatrix} u_1 \\ v_1 \\ z_1 \end{pmatrix} = \begin{pmatrix} 1 - c_1 \\ - c_1 b_k \\ - c_1 c_k \end{pmatrix} \phi_k \in Y_2$$

$$c_2 = \frac{1}{1 + b_p b_p^* + c_p c_p^*} \neq 0, \begin{pmatrix} u_2 \\ v_2 \\ z_2 \end{pmatrix} = \begin{pmatrix} 1 - c_2 \\ - c_2 b_p \\ - c_2 c_p \end{pmatrix} \phi_p \in Y_2$$

以下分两种情形进行讨论: $p = 2k$ 和 $k = 2p$。

情形 1 $p = 2k$

这种情形下, $\int_0^{l\pi} \phi_p^2 \phi_k dx = \int_0^{l\pi} \phi_p^3 dx = 0$, 则

$$\begin{pmatrix} m\phi_p^2 \\ - \phi_p^2 \\ 0 \end{pmatrix} \in Y_2, \begin{pmatrix} 0 \\ \phi_p^2 \\ 0 \end{pmatrix} \in Y_2$$

继续进行以下分解:

$$\begin{pmatrix} m\phi_k^2 \\ - \phi_k^2 \\ 0 \end{pmatrix} = c_3\Phi_p + \begin{pmatrix} u_3 \\ v_3 \\ z_3 \end{pmatrix}, \begin{pmatrix} m\phi_k\phi_p \\ - \phi_k\phi_p \\ 0 \end{pmatrix} = c_4\Phi_k + \begin{pmatrix} u_4 \\ v_4 \\ z_4 \end{pmatrix}$$

$$\begin{pmatrix} 0 \\ \phi_k^2 \\ 0 \end{pmatrix} = c_5\Phi_p + \begin{pmatrix} u_5 \\ v_5 \\ z_5 \end{pmatrix}, \begin{pmatrix} 0 \\ \phi_k\phi_p \\ 0 \end{pmatrix} = c_6\Phi_k + \begin{pmatrix} u_6 \\ v_6 \\ z_6 \end{pmatrix}$$

其中，

$$c_3 = \frac{m - b_p^*}{1 + b_p b_p^* + c_p c_p^*} \int_0^{l\pi} \phi_k^2 \phi_p \mathrm{d}x = \sqrt{\frac{1}{2l\pi}} \frac{m - b_p^*}{1 + b_p b_p^* + c_p c_p^*}, \begin{pmatrix} u_3 \\ v_3 \\ z_3 \end{pmatrix} = \begin{pmatrix} m\phi_k^2 - c_3\phi_p \\ -\phi_k^2 - c_3 b_p \phi_p \\ -c_3 c_p \phi_p \end{pmatrix} \in Y_2$$

$$c_4 = \frac{m - b_k^*}{1 + b_k b_k^* + c_k c_k^*} \int_0^{l\pi} \phi_k^2 \phi_p \mathrm{d}x = \sqrt{\frac{1}{2l\pi}} \frac{m - b_k^*}{1 + b_k b_k^* + c_k c_k^*}, \begin{pmatrix} u_4 \\ v_4 \\ z_4 \end{pmatrix} = \begin{pmatrix} m\phi_k\phi_p - c_4\phi_k \\ -\phi_k\phi_p - c_4 b_k \phi_k \\ -c_4 c_k \phi_k \end{pmatrix} \in Y_2$$

$$c_5 = \frac{b_p^*}{1 + b_p b_p^* + c_p c_p^*} \int_0^{l\pi} \phi_k^2 \phi_p \mathrm{d}x = \sqrt{\frac{1}{2l\pi}} \frac{b_p^*}{1 + b_p b_p^* + c_p c_p^*}, \begin{pmatrix} u_5 \\ v_5 \\ z_5 \end{pmatrix} = \begin{pmatrix} -c_3\phi_p \\ \phi_k^2 - c_5 b_p \phi_p \\ -c_3 c_p \phi_p \end{pmatrix} \in Y_2$$

$$c_6 = \frac{b_k^*}{1 + b_k b_k^* + c_k c_k^*} \int_0^{l\pi} \phi_k^2 \phi_p \mathrm{d}x = \sqrt{\frac{1}{2l\pi}} \frac{b_k^*}{1 + b_k b_k^* + c_k c_k^*}, \begin{pmatrix} u_6 \\ v_6 \\ z_6 \end{pmatrix} = \begin{pmatrix} -c_6\phi_k \\ -\phi_k\phi_p - c_6 b_k \phi_k \\ -c_6 c_k \phi_k \end{pmatrix} \in Y_2$$

通过以上分解，可以得

$$y_1 = [- H_2 c_1 d_2 \lambda_k \cos \omega_0 + sc_4(\beta b_p + b_k) \mathrm{sik}\, \omega_0 \cos \omega_0 - sc_5 rb_k^2 \cos^2 \omega_0 -$$

$$2sc_6 rb_p b_k \mathrm{sik}\, \omega_0 \cos \omega_0] \Phi_k + [- H_2 c_2 d_2 \lambda_k \mathrm{sik}\, \omega_0 + sc_3 \beta b_k \cos^2 \omega_0] \Phi_p$$

$$y_2 = F(\widehat{d_2}) W - H_2 d_2 \lambda_k \cos \omega_0 \begin{pmatrix} u_1 \\ v_1 \\ z_1 \end{pmatrix} - H_2 d_2 \lambda_p \cos \omega_0 \begin{pmatrix} u_2 \\ v_2 \\ z_2 \end{pmatrix} + s\beta b_k \cos^2 \omega_0 \begin{pmatrix} u_3 \\ v_3 \\ z_3 \end{pmatrix} +$$

$$s(\beta b_p + b_k) \mathrm{sik}\, \omega_0 \cos \omega_0 \begin{pmatrix} u_4 \\ v_4 \\ z_4 \end{pmatrix} - srb_k^2 \cos^2 \omega_0 \begin{pmatrix} u_5 \\ v_5 \\ z_5 \end{pmatrix} -$$

$$2srb_p b_k \text{sik } \omega_0 \cos \omega_0 \begin{pmatrix} u_6 \\ v_6 \\ z_6 \end{pmatrix} + sb_p\beta \text{ sik}^2\omega_0 \begin{pmatrix} m\phi_p^2 \\ -\phi_p^2 \\ 0 \end{pmatrix} - srb_p^2 \text{sik}^2\omega_0 \begin{pmatrix} 0 \\ \phi_p^2 \\ 0 \end{pmatrix}$$

令 $K_{(d_2,s,W)}(\widehat{d_2},0,0;\omega_0)(d_2,s,W)=0$,则有 $y_1=0$,$y_2=0$。 $y_1=0$ 等价于

$$\begin{cases} -H_2 c_1 d_2 \lambda_k \cos \omega_0 + sc_4(\beta b_p + b_k)\text{sik } \omega_0 \cos \omega_0 - sc_5 rb_k^2 \cos^2\omega_0 - 2sc_6 rb_p b_k \text{sik } \omega_0 \cos \omega_0 = 0 \\ -H_2 c_2 d_2 \lambda_k \text{sik } \omega_0 + sc_3\beta b_k \cos^2\omega_0 = 0 \end{cases}$$

假设 $\cos \omega_0 \neq 0$ 且 $(c_2 c_4(\beta b_p + b_k) - 2c_2 c_6 rb_p b_k)\text{sik}^2\omega_0 \neq c_2 c_5 rb_k^2 \text{sik } \omega_0 \cos \omega_0 + c_1 c_3\beta b_k \cos^2\omega_0$,可以得到 $s=0$,$d_2=0$。将它们代入 $y_2=0$,可得 $W=0$。 $K_{(d_2,s,W)}(\widehat{d_2},0,0;\omega_0)$ 是单射。

以下证明 $K_{(d_2,s,W)}(\widehat{d_2},0,0;\omega_0)$ 是满射,即需要证明对任意的 $(u,v,z) \in Y$,找到 $(d_2,s,W) \in \mathbb{R}^+ \times \mathbb{R} \times X_2$ 使得

$$K_{(d_2,s,W)}(\widehat{d_2},0,0;\omega_0)(d_2,s,W) = (u,v,z)^\mathrm{T} \tag{4.12}$$

分解 Y,存在 $\eta,\gamma \in \mathbb{R}$ 和 $(u_0,v_0,z_0) \in Y_2$ 使得

$$\begin{pmatrix} u \\ v \\ z \end{pmatrix} = \eta \Phi_k + \gamma \Phi_p + \begin{pmatrix} u_0 \\ v_0 \\ z_0 \end{pmatrix}$$

将上式代入式(4.12)可得

$$
\left\{
\begin{aligned}
& -H_2 c_1 d_2 \lambda_k \cos \omega_0 + s c_4 (\beta b_p + b_k) \operatorname{sik} \omega_0 \cos \omega_0 - s c_5 r b_k^2 \cos^2 \omega_0 - \\
& 2 s c_6 r b_p b_k \operatorname{sik} \omega_0 \cos \omega_0 = \eta \\
& -H_2 c_2 d_2 \lambda_k \operatorname{sik} \omega_0 + s c_3 \beta b_k \cos^2 \omega_0 = \gamma \\
& F(\widehat{d_2}) W - H_2 d_2 \lambda_k \cos \omega_0 \begin{pmatrix} u_1 \\ v_1 \\ z_1 \end{pmatrix} - H_2 d_2 \lambda_p \cos \omega_0 \begin{pmatrix} u_2 \\ v_2 \\ z_2 \end{pmatrix} + s \beta b_k \cos^2 \omega_0 \begin{pmatrix} u_3 \\ v_3 \\ z_3 \end{pmatrix} + \\
& s(\beta b_p + b_k) \operatorname{sik} \omega_0 \cos \omega_0 \begin{pmatrix} u_4 \\ v_4 \\ z_4 \end{pmatrix} - s r b_k^2 \cos^2 \omega_0 \begin{pmatrix} u_5 \\ v_5 \\ z_5 \end{pmatrix} - 2 s r b_p b_k \operatorname{sik} \omega_0 \cos \omega_0 \begin{pmatrix} u_6 \\ v_6 \\ z_6 \end{pmatrix} + \\
& s b_p \beta \operatorname{sik}^2 \omega_0 \begin{pmatrix} m \phi_p^2 \\ -\phi_p^2 \\ 0 \end{pmatrix} - s r b_p^2 \operatorname{sik}^2 \omega_0 \begin{pmatrix} 0 \\ \phi_p^2 \\ 0 \end{pmatrix} = \begin{pmatrix} u_0 \\ v_0 \\ z_0 \end{pmatrix}
\end{aligned}
\right.
$$

$$(4.13)$$

通过对式(4.13)的前两个方程求解,可得 $d_2 = \widetilde{d_2}$, $s = \tilde{s}$, 其中,

$$
\widetilde{d_2} = \frac{\gamma - \tilde{s} c_3 \beta b_k \cos^2 \omega_0}{-H_2 c_2 \lambda_k \operatorname{sik} \omega_0}
$$

$$
\tilde{s} = \frac{\eta - c_1 \gamma}{(c_2 c_4 (\beta b_p + b_k) - 2 c_2 c_6 r b_p b_k) \operatorname{sik}^2 \omega_0 - c_2 c_5 r b_k^2 \operatorname{sik} \omega_0 \cos \omega_0 - c_1 c_3 \beta b_k \cos^2 \omega_0}
$$

将 $\widetilde{d_2}$, $\tilde{s}$ 代入式(4.13)的第三个方程,得 $W = F^{-1}(\widehat{d_2})(\tilde{u} \ \tilde{v} \ \tilde{z})^{\cdot}$, 其中,

$$
\begin{pmatrix} \tilde{u} \\ \tilde{v} \\ \tilde{z} \end{pmatrix} = \begin{pmatrix} u_0 \\ v_0 \\ z_0 \end{pmatrix} + H_2 d_2 \lambda_k \cos \omega_0 \begin{pmatrix} u_1 \\ v_1 \\ z_1 \end{pmatrix} + H_2 d_2 \lambda_p \cos \omega_0 \begin{pmatrix} u_2 \\ v_2 \\ z_2 \end{pmatrix} - s \beta b_k \cos^2 \omega_0 \begin{pmatrix} u_3 \\ v_3 \\ z_3 \end{pmatrix} -
$$

$$s(\beta b_p + b_k)\text{sik}\,\omega_0\cos\omega_0 \begin{pmatrix} u_4 \\ v_4 \\ z_4 \end{pmatrix} + srb_k^2\cos^2\omega_0 \begin{pmatrix} u_5 \\ v_5 \\ z_5 \end{pmatrix} + 2srb_pb_k\text{sik}\,\omega_0\cos\omega_0 \begin{pmatrix} u_6 \\ v_6 \\ z_6 \end{pmatrix} -$$

$$sb_p\beta\text{sik}^2\omega_0 \begin{pmatrix} m\phi_p^2 \\ -\phi_p^2 \\ 0 \end{pmatrix} + srb_p^2\text{sik}^2\omega_0 \begin{pmatrix} 0 \\ \phi_p^2 \\ 0 \end{pmatrix}$$

$(d_2, s, W) = (\widetilde{d_2}, \tilde{s}, F^{-1}(\widehat{d_2})(\tilde{u}, \tilde{v}, \tilde{z})^{\mathrm{T}})$ 是式（4.12）的解，进而可推得 $K_{(d_2,s,W)}(\widehat{d_2}, 0, 0; \omega_0)$ 是满射。应用隐函数定理可以推得，对充分小的 $|\omega-\omega_0|$，存在非常数稳态解 $(d_2(\omega), s(\omega), W(\omega))$ 使得 $d_2(\omega_0) = \widehat{d_2}, s(\omega_0) = 0, W(\omega_0) = 0$。$(d_2(\omega), U+s(\omega)(\cos\omega\Phi_k + \text{sik}\,\omega\Phi_p + W(\omega)))$ 是 $F(d_2, (H, P, V)) = 0$ 的非常数稳态解。

情形 2　$k = 2p$

这种情形下，$\int_0^{l\pi}\phi_k^2\phi_p\mathrm{d}x = \int_0^{l\pi}\phi_k^3\mathrm{d}x = 0$，

$$\begin{pmatrix} m\phi_k^2 \\ -\phi_k^2 \\ 0 \end{pmatrix} \in Y_2, \begin{pmatrix} 0 \\ \phi_k^2 \\ 0 \end{pmatrix} \in Y_2$$

继续进行以下分解：

$$\begin{pmatrix} m\phi_p^2 \\ -\phi_p^2 \\ 0 \end{pmatrix} = c_7\Phi_k + \begin{pmatrix} u_7 \\ v_7 \\ z_7 \end{pmatrix}, \begin{pmatrix} m\phi_k\phi_p \\ -\phi_k\phi_p \\ 0 \end{pmatrix} = c_8\Phi_p + \begin{pmatrix} u_8 \\ v_8 \\ z_8 \end{pmatrix}$$

$$\begin{pmatrix} 0 \\ \phi_p^2 \\ 0 \end{pmatrix} = c_9\Phi_k + \begin{pmatrix} u_9 \\ v_9 \\ z_9 \end{pmatrix}, \begin{pmatrix} 0 \\ \phi_k\phi_p \\ 0 \end{pmatrix} = c_{10}\Phi_p + \begin{pmatrix} u_{10} \\ v_{10} \\ z_{10} \end{pmatrix}$$

其中，

$$c_7 = \frac{m - b_k^*}{1 + b_k b_k^* + c_k c_k^*} \int_0^{l\pi} \phi_p^2 \phi_k \mathrm{d}x = \sqrt{\frac{1}{2l\pi}} \frac{m - b_k^*}{1 + b_k b_k^* + c_k c_k^*}, \begin{pmatrix} u_7 \\ v_7 \\ z_7 \end{pmatrix} = \begin{pmatrix} m\phi_p^2 - c_7\phi_k \\ -\phi_p^2 - c_7 b_k \phi_k \\ -c_7 c_k \phi_k \end{pmatrix} \in Y_2$$

$$c_8 = \frac{m - b_p^*}{1 + b_p b_p^* + c_p c_p^*} \int_0^{l\pi} \phi_p^2 \phi_k \mathrm{d}x = \sqrt{\frac{1}{2l\pi}} \frac{m - b_p^*}{1 + b_p b_p^* + c_p c_p^*}, \begin{pmatrix} u_8 \\ v_8 \\ z_8 \end{pmatrix} = \begin{pmatrix} m\phi_k\phi_p - c_8\phi_p \\ -\phi_k\phi_p - c_8 b_p \phi_p \\ -c_8 c_p \phi_p \end{pmatrix} \in Y_2$$

$$c_9 = \frac{b_k^*}{1 + b_k b_k^* + c_k c_k^*} \int_0^{l\pi} \phi_p^2 \phi_k \mathrm{d}x = \sqrt{\frac{1}{2l\pi}} \frac{b_k^*}{1 + b_k b_k^* + c_k c_k^*}, \begin{pmatrix} u_9 \\ v_9 \\ z_9 \end{pmatrix} = \begin{pmatrix} -c_9\phi_k \\ \phi_p^2 - c_9 b_k \phi_k \\ -c_9 c_k \phi_k \end{pmatrix} \in Y_2$$

$$c_{10} = \frac{b_p^*}{1 + b_p b_p^* + c_p c_p^*} \int_0^{l\pi} \phi_p^2 \phi_k \mathrm{d}x = \sqrt{\frac{1}{2l\pi}} \frac{b_p^*}{1 + b_p b_p^* + c_p c_p^*}, \begin{pmatrix} u_{10} \\ v_{10} \\ z_{10} \end{pmatrix} = \begin{pmatrix} -c_{10}\phi_p \\ -\phi_k\phi_p - c_{10} b_p \phi_p \\ -c_{10} c_p \phi_p \end{pmatrix} \in Y_2$$

通过以上分解，可以得

$$y_1 = \left[-H_2 c_1 d_2 \lambda_k \cos \omega_0 + s c_7 \beta b_p \mathrm{sik}^2 \omega_0 - s c_9 r b_p^2 \mathrm{sik}^2 \omega_0 \right] \Phi_k +$$

$$\left[-H_2 c_2 d_2 \lambda_k \mathrm{sik}\, \omega_0 + s c_8 (\beta b_p + b_k) \mathrm{sik}\, \omega_0 \cos \omega_0 - 2 s c_{10} r b_p b_k \mathrm{sik}\, \omega_0 \cos \omega_0 \right] \Phi_p$$

$$y_2 = F(\widehat{d_2}) W - H_2 d_2 \lambda_k \cos \omega_0 \begin{pmatrix} u_1 \\ v_1 \\ z_1 \end{pmatrix} - H_2 d_2 \lambda_p \cos \omega_0 \begin{pmatrix} u_2 \\ v_2 \\ z_2 \end{pmatrix} + s\beta b_p \mathrm{sik}^2 \omega_0 \begin{pmatrix} u_7 \\ v_7 \\ z_7 \end{pmatrix} +$$

$$s(\beta b_p + b_k) \mathrm{sik}\, \omega_0 \cos \omega_0 \begin{pmatrix} u_8 \\ v_8 \\ z_8 \end{pmatrix} - s r b_p^2 \mathrm{sik}^2 \omega_0 \begin{pmatrix} u_9 \\ v_9 \\ z_9 \end{pmatrix} - s r b_k^2 \cos^2 \omega_0 \begin{pmatrix} 0 \\ \phi_k^2 \\ 0 \end{pmatrix} -$$

$$2 s r b_p b_k \mathrm{sik}\, \omega_0 \cos \omega_0 \begin{pmatrix} u_{10} \\ v_{10} \\ z_{10} \end{pmatrix} + s\beta b_k \cos^2 \omega_0 \begin{pmatrix} m\phi_k^2 \\ -\phi_k^2 \\ 0 \end{pmatrix}$$

类似于情形 1,可以证明 $K_{(d_2,s,W)}(\widehat{d_2},0,0;\omega_0)$ 是一同构映射。证毕。

4.4 数值结果

4.4.1 非常数稳态解的结构

本节将进行数值模拟。数值模拟的初始值是对稳态解 E_2 的时空微小扰动。研究的空间区域为一维空间区域,大小为 $[0,150]$,空间步长为 0.002,时间步长为 1。首先得到以下结果:

对系统 (4.3),选取 $a=0.5,r=9.5,\beta=0.2,m=3.8,d_3=0.1,\tau=0.2$,根据式 (4.8),可得波数 k 与单分支参数 d_{2k} 的关系。当 $k=1$ 时有 $d_{21}=-3.7758$,如图 $4.1(a)$ 所示。此外,选取 $a=0.5,r=9.5,\beta=0.8,m=30.8,d_3=0.1,d_1=15$,$\tau=0.0093$,可得波数 k 与双分支参数 d_{2k} 的关系,此时当 $k=1,3$ 时有 $d_{21}=d_{23}=\widetilde{d}=-3.0015$,如图 $4.1(b)$ 所示。

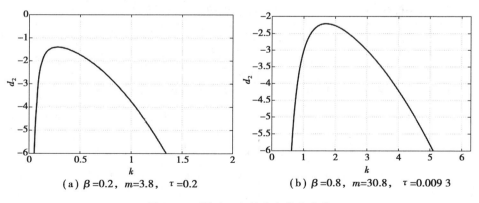

(a) $\beta=0.2$,$m=3.8$,$\tau=0.2$ (b) $\beta=0.8$,$m=30.8$,$\tau=0.0093$

图 4.1 系统(4.3)的稳态分支曲线

当 $a=0.5,r=9.5,\beta=0.2,m=3.8,d_3=0.1,d_1=15,\tau=0.2,d_2=3.78\approx d_{21}$ 时,初值是对常数解 E_2 处的微小扰动。系统 (4.3) 在单分支点 (d_{2k},U^*) 的领域内存在正稳态解(图 4.2),从而验证了定理 4.5 的结论。当 $a=0.5,r=9.5$,

$\beta = 0.8, m = 30.8, d_3 = 0.1, d_1 = 15, \tau = 0.009\ 3, d_2 = -3.02 \approx \widetilde{d}$ 时, 系统 (4.3) 在双分支点 (d_{2k}, U^*) 的邻域内存在正稳态解, 如图 4.3 所示, 这与定理 4.6 的结论一致。

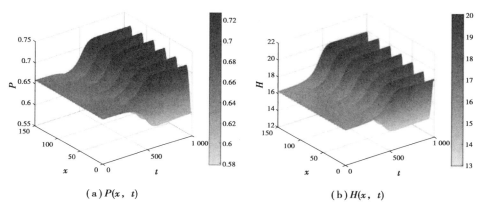

(a) $P(x, t)$　　　　　　　　(b) $H(x, t)$

图 4.2　系统 (4.3) 的正稳态解, $a = 0.5, r = 9.5, \beta = 0.2,$

$m = 3.8, d_3 = 0.1, d_1 = 15, \tau = 0.2, d_2 = 3.78 \approx d_{21}$

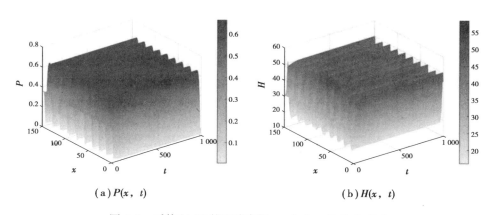

(a) $P(x, t)$　　　　　　　　(b) $H(x, t)$

图 4.3　系统 (4.3) 的正稳态解, $a = 0.5, r = 9.5, \beta = 0.8,$

$m = 30.8, d_3 = 0.1, \tau = 0.009\ 3, d_1 = 15, d_2 = -3.02 \approx \widetilde{d}$

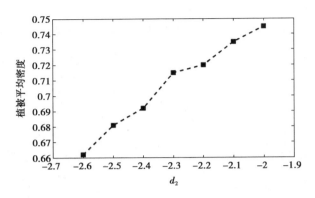

图 4.4 平均植被密度随 d_2 的变化

4.4.2 基于记忆效应的扩散系数对植被斑图的影响

图 4.4 显示了基于记忆效应的扩散系数 d_2 对植被平均密度的影响。从图中可知，d_2 与平均植被密度呈正相关关系。事实上，当 $d_2 < 0$ 时，植食动物会被吸引到在记忆中植被所在的区域（x 位置）。d_2 越小，x 位置吸引植食动物的能力就越强，导致该地区的植被密度越小。

为了更直观地观察植被的空间分布，下面模拟了植被在不同的基于记忆效应的扩散系数下的二维空间分布图（图 4.5）。从图中可知，随着基于记忆效应的扩散系数的减小，植被斑图始终呈现冷点结构，且冷点斑图的尺寸在减少，数量在增加。此外，植被斑图的最低密度呈下降趋势。

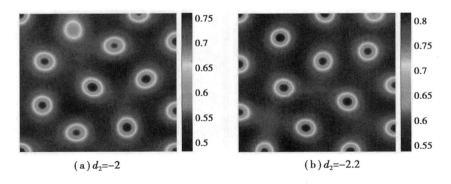

（a）$d_2=-2$ （b）$d_2=-2.2$

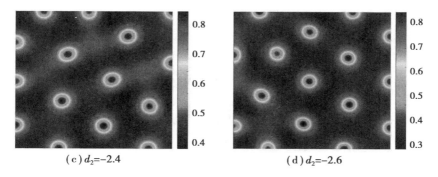

（c）$d_2=-2.4$　　　　　　　　　　（d）$d_2=-2.6$

图 4.5　不同 d_2 下的稳态植被斑图的二维空间分布

4.5　本章小结

本章分析了一类具有记忆效应的二变量植食动物-植被模型。该模型中记忆效应的时间分布函数用弱核表示,表明植食动物的记忆强度随着时间的推移而减弱。通过变换,将具有非局部扩散的双变量模型转化为三变量反应扩散方程。从理论上证明了稳态分岔的存在性,找到了产生稳态分支的条件,并研究了非常数稳态解的结构。用 Crandall-Rabinowitz 理论分析了单特征值情形,利用隐函数定理和空间分解来分析双特征值情形。

数值模拟研究了分支点附近解的结构以及基于记忆效应的扩散系数对植被的影响。研究结果表明,在单特征值或双特征值的情形下,系统(4.3)都会在分支点附近存在正稳态分支解,数值结果与理论结果一致。随着基于记忆效应的扩散系数的减小,植食动物会被吸引到在记忆中植被高密度区域的强度就越大,不利于该地区植被的生长。此外,当基于记忆效应的扩散系数在变化过程中并不会引起斑图相变。空间记忆模型可用于定量描述其他生态系统中动物运动的时空动态。这一方向的研究成果将有助于完善认知动物运动的生态学理论。

第5章 耦合气候要素的植被模型斑图动力学

在过去的一个世纪里,全球气候发生了很大的变化,气温明显升高。观测数据显示,2011—2020 年全球地表温度比 1850—1900 年高出 1.1 ℃。此外,从 1975—2014 年,CO_2 浓度从 280 ppm 增加到 387 ppm,预计温室气体的增加将在下个世纪对全球和区域温度产生重大影响。气候变化不仅影响着人类的生存环境,还影响着世界经济发展和社会进步。特别需要注意的是,气候变化对植被生态系统有着显著的影响。

在干旱半干旱地区,脆弱的生态系统将导致该区域成为对气候变化最敏感的区域。植被斑图可以直观地反映植被的时空分布特征,为早期荒漠化提供预警信号。在干旱半干旱地区,随着资源的减少,植被斑图从迷宫状向点状转化,其中一些是不连续的和灾难性的转变。综上所述,在气候变化背景下,研究植被斑图的演化过程对分析和预测干旱半干旱地区植被生长具有重要意义。

中国内蒙古包头地区和青海湖地区都是典型的干旱半干旱地区。包头地区面临土地荒漠化的问题,且干旱是引起该地区荒漠化的主要因素。青海湖地区是中国著名的旅游胜地,其异质环境容易受到全球气候变化的影响,生态系统较为脆弱。本章主要研究气候变化对包头地区和青海湖地区植被的影响。

水分是维持植被正常生理功能的必备条件。植被生长所需的水分主要来源于降雨。当雨水落到地面时,一部分渗入土壤中并被植被吸收,一部分会蒸发到大气中。植被的生理活动包括光合作用、呼吸作用和蒸腾作用。光合作用将植被根部吸收的水分及从叶面气孔吸收的 CO_2 转化为植被生物量,以此促进植被的生长。植被的呼吸作用将消耗一定的植被生物量,并释放能量供植被体内细胞活动。植被吸收的大部分水分通过蒸腾作用以水蒸气的形式散失到大气中。影响这 3 个生理过程的主要因素是降雨、CO_2 浓度和温度。本章将基于 1999 年 Klausmeier 模型并耦合降雨、CO_2 浓度和温度这 3 种气候要素构建新的植被-气候要素动力学模型,以典型的干旱半干旱地区——包头地区和青海湖地区为例来揭示气候变化对干旱半干旱地区植被系统的影响。

　　本章的结构如下:5.1 节主要研究气候变化对内蒙古包头地区植被斑图的影响。首先推导一个植被-气候动力学模型并对其平衡点进行稳定性分析;其次证明最优解的存在,并推导最优控制问题的一阶必要最优条件;最后模拟不同气候情景下未来 100 年植被的生长趋势,找到荒漠化发生的阈值,并且验证最优控制理论的有效性。5.2 节主要研究青海湖地区的植被斑图对气候变化的响应:首先对植被-水动力学模型进行推导;其次得到图灵分岔产生的条件和最优控制问题的一阶必要最优性条件;最后用数值方法模拟植被系统对不同气候条件的响应,同时验证了最优控制措施的有效性。5.3 节是本章内容小结。

5.1　基于动力学模型研究包头地区未来植被斑图演化

　　内蒙古包头地区(东经 109°15′—110°26′,北纬 40°15′—42°43′)的气候是温带大陆性季风气候。近几十年来,该地区地表温度和 CO_2 浓度显著增加,呈现出增温干燥现象。降雨量近 10 年变化趋势不明显,但总体呈下降趋势。潜在蒸发量超过年平均降雨量,植被覆盖少,土壤保水能力低。包头地区现有沙化土地面积 516.7 万亩(1 亩 ≈ 666.67 m^2),占全市土地总面积的 12.5%;荒漠化土地面积 3 536.5 万亩,占全市土地总面积的 84.8%,且干旱是造成该地区荒漠化的主要因素。研究气候变化对包头地区植被生态系统的影响是一项有意义的工作。

本章节的目标如下:首先,将降雨、温度、CO_2 浓度、蒸发量等气候因子与植被-水模型耦合,探究各气候因子与植被生长之间的相关性,得出气候变化对包头地区植被分布的影响;其次,对未来植被斑图进行预测,得到植被系统发生荒漠化的时间节点,提供早期预警信号;最后,通过最优控制理论,给出相应的植被修复和保护策略。

5.1.1 动力学建模和稳定性分析

基于模型(1.1),根据气候变化对干旱半干旱地区植被生态系统的影响,建立以下模型:

$$\begin{cases} \dfrac{\partial N}{\partial t} = JRp_c \dfrac{W}{W+k}N^2 - R_{esp}N - rN + D_1\Delta N, \boldsymbol{x} \in \Omega, t > 0 \\[3mm] \dfrac{\partial W}{\partial t} = A - LW - R\gamma p_c\mu \dfrac{W}{W+k}N^2 + D_2\Delta W, \boldsymbol{x} \in \Omega, t > 0 \end{cases} \tag{5.1}$$

其中,$\boldsymbol{x}=(x,y)^{\mathrm{T}}$,$D_2$ 是水的扩散系数,k 是水分渗透的半饱和常数,$r(\boldsymbol{x},t)$ 是一个正或负的控制函数,它取决于人类在特定时间 t 和地点 x 的活动。$JRp_c\dfrac{W}{W+k}N^2$ 表示植被的光合作用,这里 $J = C_a\left(1-\dfrac{C_i}{C_a}\right)C_1$,$C_a$ 为环境中 CO_2 浓度,C_1 为通过光合作用转化为生物量的系数,C_i 为叶片内细胞间 CO_2 浓度,p_c 为叶片能传导的最大 CO_2 浓度。植被由呼吸作用引起的损失率 R_{esp} 可用 Michaelis M_{10} 函数表示为 $R_{esp} = R_b M_{10}^{\frac{T-10}{10}}$,这里 R_b 为植被单位生物量的呼吸量。

在干旱半干旱地区,大部分流入土壤的水以蒸汽的形式蒸发到空气中。E_r 为植被的蒸腾作用,它表示饱和比湿度与实际比湿度的差值,表达式如下:

$$E_r = R\gamma p_c\mu \dfrac{W}{W+k}N^2$$

其中,$\mu = \dfrac{0.622}{P}e^*(T)(1-R_h)$ 为比湿度,饱和蒸气压 $e^*(T) = $

$0.611\exp\left(\dfrac{17.502T}{T+240.97}\right)$，$P$ 为大气压，T 是年平均温度，R_h 为相对湿度，γ 为叶片对水蒸气和 CO_2 最大电导的换算系数。参数的具体解释和赋值详见表 5.1。

表 5.1　模型符号的解释和赋值

符号	解释	赋值	单位
k	植被吸收水分的半饱和常数	1	mm/d
L	水分的蒸发速率	5.5	mm/d
p_c	叶片能传导的最大 CO_2 浓度	10×10^{-3}	mol/($m^2\cdot$d)
R	植被根部的吸水量	2.6×10^{-2}	mm/d
γ	叶片对水蒸气和 CO^2 最大电导的换算系数	5.55×10^{-3}	(mm m^2/mo)
D_1	植被种子的扩散或无性繁殖	1	m^2/d
D_2	土壤水的扩散系数	200	m^2/d
C_i/C_a	—	0.6	—
C_1	植被光合作用转化为自身生物量系数	12	g/mol
R_b	植被单位生物量的呼吸量	1	d^{-1}
$e^*(T)$	饱和蒸气压	—	kPa
R_h	相对湿度 $e(T)/e^*(T)$	0.4	—
T	温度		℃
A	降雨率		kg/($m^2\cdot$y)
C_a	环境中 CO_2 浓度		g/mol

系统（5.1）有 3 个平衡点，一个是裸地平衡点 $E_0=(0,A)$ 和两个正平衡点：

$$E_1=\left(\frac{ARJ^2p_c+r\mu(R_{\mathrm{esp}}+r)^2+\sqrt{B^2-C}}{2\gamma\mu(R_{\mathrm{esp}}+r)RJp_c},\frac{B-\sqrt{B^2-C}}{2p_cRLJ^2}\right)$$

$$E_2=\left(\frac{ARJ^2p_c+r\mu(R_{\mathrm{esp}}+r)^2-\sqrt{B^2-C}}{2\gamma\mu(R_{\mathrm{esp}}+r)RJp_c},\frac{B+\sqrt{B^2-C}}{2p_cRLJ^2}\right)$$

这里 $B=ARJ^2p_c-r\mu(R_{\mathrm{esp}}+r)^2$，$C=4\gamma\mu Rp_cLJ^2k(R_{\mathrm{esp}}+r)^2$ 且 $B^2-C>0$。下面将

研究两个正平衡点 E^* 的稳定性,并确定导致图灵斑图的参数范围。

令

$$F(N,W) = JRg_{CO_2} \frac{W}{(W+k)}N^2 - R_{esp}N - rN$$

$$G(N,W) = A - LW - R\gamma qg_{CO_2} \frac{W}{(W+k)}N^2$$

在平衡点 E^* 附近对系统(5.1)进行线性化:

$$\begin{cases} \dfrac{\mathrm{d}N}{\mathrm{d}t} = a_{11}N + a_{12}W \\ \dfrac{\mathrm{d}W}{\mathrm{d}t} = a_{21}N + a_{22}W \end{cases} \tag{5.2}$$

其中,

$$a_{11} = \frac{2p_c JRN^* W^*}{W^* + k} - R_{esp} - r, a_{12} = \frac{p_c JRN^{*2}}{W^* + k} - \frac{p_c JRN^{*2} W^*}{(W^* + k)^2}$$

$$a_{21} = -\frac{2p_c \gamma\mu RN^* W^*}{W^* + k}, a_{22} = -\frac{p_c \gamma\mu RN^{*2}}{W^* + k} + \frac{\gamma p_c \mu RN^{*2} W^*}{(W^* + k)^2} - L$$

系统(5.2)的特征方程为:

$$\lambda^2 - b_1(0)\lambda + b_2(0) = 0$$

其中,

$$b_1(0) = a_{11} + a_{12}, b_2(0) = a_{11}a_{22} - a_{12}a_{21}$$

通过计算,得到对平衡点 E_2 有 $b_2(0)<0$,E_2 是不稳定的。下面分析平衡点 E_1。产生图灵斑图的条件是系统在没有扩散的条件下平衡点稳定,在有扩散项的情况下平衡点不稳定。首先,给出非均匀扰动的稳态解的时空稳定性分析:

$$\binom{n}{w} = \binom{n^*}{w^*} + \binom{c_1}{c_2} e^{\lambda t + i\boldsymbol{k}\boldsymbol{x}} + c.c. + o(\varepsilon^2)$$

其中,λ 表示扰动相对于时间的增长率,i 是虚单位,$\boldsymbol{k}$ 是波数,$\boldsymbol{x}$ 是空间矢量,$c.c.$ 表示一个复共轭向量。得到以下特征方程:

$$\det A = \begin{vmatrix} a_{11} - D_1 k^2 - \lambda & a_{12} \\ a_{21} & a_{22} - D_2 k^2 - \lambda \end{vmatrix} = 0$$

由上式可得特征方程：

$$\lambda^2 - b_1(k)\lambda + b_2(k) = 0$$

其中，

$$b_1(k) = a_{11} + a_{22} - (D_1 + D_2)k^2$$

$$b_2(k) = D_1 D_2 k^4 - (a_{11}D_2 + a_{22}D_1)k^2 + a_{11}a_{22} - a_{12}a_{21}$$

注意到当 $k \neq 0$ 时 $b_1(k) < b_1(0)$。系统(5.1)可在稳态解 E_1 处产生图灵斑图的充分条件为

$$b_1(0) < 0, b_2(0) > 0, b_2(k) < 0$$

5.1.2　最优控制

为了防止包头地区荒漠化的发生，可以通过最优控制手段如人类活动等控制该地区的斑图结构。在数学上，最优控制的目的是在一段时间内引导一个动态系统，使目标函数最优。将人工种植率 r 作为控制参数。考虑以下最优控制问题：

$$\min_{r \in U_{ad}} J[N, W] = \frac{b_1}{2}\int_\Omega [N(\boldsymbol{x}, T) - N_T(\boldsymbol{x})]^2 \mathrm{d}x + \frac{b_2}{2}\int_\Omega [W(\boldsymbol{x}, T) - W_T(\boldsymbol{x})]^2 \mathrm{d}x$$

$$+ \frac{c}{2}\int_0^T \int_\Omega r^2 \mathrm{d}\boldsymbol{x}\mathrm{d}t$$

$$(5.3)$$

满足

$$\begin{cases} \dfrac{\partial N}{\partial t} = D_1 \Delta N + f_1(n,w,r) \\[3mm] \dfrac{\partial W}{\partial t} = D_2 \Delta W + f_2(n,w,r) \\[3mm] \dfrac{\partial N}{\partial \boldsymbol{n}} = 0, \dfrac{\partial W}{\partial \boldsymbol{n}} = 0 \\[3mm] N(\boldsymbol{x},0) = N_0(\boldsymbol{x}), W(\boldsymbol{x},0) = W_0(\boldsymbol{x}) \end{cases} \tag{5.4}$$

其中，

$$f_1(n,w,r) = JRp_c \frac{W}{W+k} N^2 - R_{\mathrm{esp}} N - rN$$

$$f_2(n,w,r) = A - LW - R\gamma p_d \mu \frac{W}{W+k} N^2$$

这里 J 是目标泛函，$N_T(\boldsymbol{x})$、$W_T(\boldsymbol{x})$ 是目标斑图，r 为人工种植率，这里作为控制变量。b_1,b_2,c 是常数。目标是找到 $\min\limits_{r \in U_{ad}} J[N,W]$。其中，允许控制集为

$$U_{ad} := \left\{ r \in L^\infty(Q_T), r(\boldsymbol{x},t) \in [-1,1], (\boldsymbol{x},t) \in Q_T = \Omega \times (0,T) \right\}$$

下一步的主要目标是求出 $r(\boldsymbol{x},t)$ 来证明式(5.3)的最优解的存在性。首先，需要验证状态方程(5.4)解的适定性和正性。假设 $D := \mathrm{diag}(D_1\Delta, D_2\Delta)$，$B(D) \subset L^2(\Omega)^2 \to L^2(\Omega)^2$，其中，

$$B(D) = \left\{ (N,W) \in H^2(\Omega)^2, D_1 \frac{\partial N}{\partial \boldsymbol{n}} = D_2 \frac{\partial W}{\partial \boldsymbol{n}} = 0, \boldsymbol{x} \in \partial\Omega \right\}$$

为了证明其适定性和正则性，需要证明：①截断问题的强解的存在性；②强解的有界性和正则性；③强解是状态方程的局部解；④状态方程的局部解也是全局解。首先证明状态方程(5.4)解的适定性。

定理 5.1　令 $r \in U_{ad}$，$(N_0(\boldsymbol{x}), W_0(\boldsymbol{x})) \in B(D)$ 在 Ω 中位于 $(0,\infty)^2$，则状态方程(5.4)有唯一的全局正强解使得 $(N,W) \in H^1(0,T;L^2(\Omega)^2) \cap L^2(0,T; H^2(\Omega)^2)$。

证明：首先，状态方程(5.4)可以写为以下 Cauchy 问题：

$$\begin{cases} u'(t) = Du(t) + f(t, u(t)), t \in (0, T] \\ u(0) = u^0 := (N_0, W_0) \end{cases} \quad (5.5)$$

其中，$f(t, u(t)) = (f_1(t, u(t)), f_2(t, u(t)))$ 是状态方程(5.4)的反应项，即

$$\begin{cases} f_1(t, u(t)) = f_1(N, W, r) \\ f_2(t, u(t)) = f_2(N, W, r) \end{cases}$$

很容易看出 f 不是 Lipschitz 连续的，那么对函数 f 进行截断。根据文献[165]、文献[167]证明其适定性。考虑以下截断问题：

$$u'_z(t) = Bu_z(t) + f^z(t, u_z(t)), t \in (0, T), u_z(0) = u^0 \quad (5.6)$$

其中，$Z > 0$ 足够大，$f^z(t, u) = (f_1^z(t, u), f_2^z(t, u))$ 的截断如下：

①当 $|N| < Z$ 时，则 N 在 $f_i(N, W, r), (i = 1, 2)$ 中保持不变；

②当 $N > Z$ 时，则 $N = Z$；

③当 $N < -Z$ 时，则 $N = -Z$。

W 的分析过程与 N 的分析过程类似。此外，很容易证明运算 D 在 $L^2(\Omega)^2$ 上是自伴随且耗散的。对 $t \in [0, T]$，$f^z(t, u)$ 在 u 是 Lipschitz 连续的。根据文献[170]的性质 1.2，可证明截断问题(5.6)有唯一的强解 $u_z = (N^z, W^z) \in H^1(0, T; L^2(\Omega)^2) \cap L^2(0, T; H^2(\Omega)^2)$。另外，需要证明 u_z 在 Q_T 上的有界性。

令 $M = \max \left\{ \|f^N\|_{L^\infty(Q_T)}, \|u^0\|_{L^\infty(\Omega)} \right\}$，函数 $N_1^z(t, \boldsymbol{x}) = N^z(t, \boldsymbol{x}) - Mt - \|N^0\|_{L^\infty}$ 满足以下 Cauchy 问题：

$$\begin{cases} \dfrac{\mathrm{d}}{\mathrm{d}t} N_1^z(t) = D_1 \Delta N_1^z + f_1^z(t, N^z, W^z) - M, t \in [0, T] \\ N_1^z(0) = N_0 - \|N^0\|_{L^\infty(\Omega)} \end{cases}$$

$f_1^z(t, N^z, W^z) - M \leqslant 0, N^0 - \|N^0\|_{L^\infty(\Omega)} \leqslant 0$，根据抛物方程的比较原理，可得

$$N_1^z(t, \boldsymbol{x}) \leqslant 0$$

类似地，令 $N_1^z(t, \boldsymbol{x}) = N^z(t, \boldsymbol{x}) + Mt + \|N^0\|_{L^\infty}$ 满足以下 Cauchy 问题：

$$\begin{cases} \dfrac{\mathrm{d}}{\mathrm{d}t}N_2^Z(t) = D_1 \Delta N_2^Z + f_1^Z(t, N^Z, W^Z) + M, t \in [0, T] \\ N_2^Z(0) = N_0 + \|N^0\|_{L^\infty(\Omega)} \end{cases}$$

可以证明 $N_2^Z(t, \boldsymbol{x}) \geq 0$,有:

$$\left| N^Z(t, \boldsymbol{x}) \right| \leq Mt + \|N^0\|_{L^\infty}, (\forall)(t, \boldsymbol{x}) \in Q_T \qquad (5.7)$$

同理可得:

$$\left| W^Z(t, \boldsymbol{x}) \right| \leq Mt + \|W^0\|_{L^\infty}, (\forall)(t, \boldsymbol{x}) \in Q_T \qquad (5.8)$$

可以推出 $u_Z = (N^Z, W^Z) \in L^\infty(Q_T)^2$ 有界,且边界只与 Z 有关。

下面证明 N^Z 和 W^Z 的正性。显然,N^Z 满足以下方程:

$$\begin{cases} \dfrac{\partial N^Z}{\partial t} = D_1 \Delta N^Z + f_1^Z(N^Z, W^Z, r), & (\boldsymbol{x}, t) \in Q_T := \Omega \times (0, T) \\ D_1 \dfrac{\partial N^Z}{\partial \boldsymbol{n}} = 0 & (\boldsymbol{x}, t) \in \Sigma_T := \partial\Omega \times (0, T) \\ N^Z(\boldsymbol{x}, 0) = N_0(\boldsymbol{x}) & \boldsymbol{x} \in \Omega \end{cases} \qquad (5.9)$$

令 $N^Z = (N^Z)^+ - (N^Z)^-$,其中 $(N^Z)^+(\boldsymbol{x}, t) = \max\left\{ N^Z(\boldsymbol{x}, t), 0 \right\}$,$(N^Z)^-(\boldsymbol{x}, t) = \min\left\{ N^Z(\boldsymbol{x}, t), 0 \right\}$。为了证明正性,需要证明 $(N^Z)^- \equiv 0$。将式(5.9)的第一个方程乘以 $(N^Z)^-$ 并在 Q_T 上进行积分,得

$$\int_0^t \int_\Omega \frac{\partial(N^Z)^-}{\partial \tau}(N^2)^- \, \mathrm{d}\boldsymbol{x}\mathrm{d}\tau + \int_0^t \int_\Omega D_1 |\nabla(N^2)^-|^2 \mathrm{d}\boldsymbol{x}\mathrm{d}\tau$$
$$= -\int_0^t \int_\Omega f_1^Z(-(N^Z)^-, W^Z, r)(N^2)^- \, \mathrm{d}\boldsymbol{x}\mathrm{d}\tau \qquad (5.10)$$

这里使用格林公式以及 $(N^Z)^+$ 和 $(N^Z)^-$ 的性质,即 $\displaystyle\int_0^t \int_\Omega \frac{\partial(N^Z)^+}{\partial \tau}(N^Z)^- \, \mathrm{d}\boldsymbol{x}\mathrm{d}\tau = 0$。根据 Newton-Leibniz 公式,式(5.10)的左侧第一个公式等于:

$$\int_0^t \int_\Omega \frac{\partial(N^Z)^-}{\partial \tau}(N^Z)^- \, \mathrm{d}\boldsymbol{x}\mathrm{d}\tau = \frac{1}{2}\int_\Omega |(N^Z)^-(t)|^2 \mathrm{d}\boldsymbol{x}$$

$E_1^* f_1^z(0, W^z, r) = 0, \int_0^t \int_\Omega D_1 \mid \nabla (N^z)^- \mid^2 \mathrm{d}\boldsymbol{x}\mathrm{d}\tau \geqslant 0$，根据 $(N^z)^-$ 的非负性和 f_1^z 的

Lipschitz 连续，有：

$$\int_0^t \int_\Omega \frac{\partial (N^z)^-}{\partial \tau} (N^2)^- \, \mathrm{d}\boldsymbol{x}\mathrm{d}\tau \leqslant - \int_0^t \int_\Omega f_1^z(-(N^z)^-, W^z, r)(N^2)^- \, \mathrm{d}\boldsymbol{x}\mathrm{d}\tau$$

$$= \int_0^t \int_\Omega (f_1^z(0, W^z, r) - f_1^z(-(N^z)^-, W^z, r)) \mathrm{d}\boldsymbol{x}\mathrm{d}\tau \leqslant M \int_0^t \int_\Omega \mid (N^z)^- \mid^2 \mathrm{d}\boldsymbol{x}\mathrm{d}\tau$$

这里 $M>0$。由 Gronwall's 不等式可以推得 $(N^z)^- \equiv 0$，则在 Q_T 内有 $N^z \geqslant 0$。在 Ω 上有 $N_0(\boldsymbol{x})>0$，而对任意的 $(t, \boldsymbol{x}) \in Q_T$，有 $N^z>0$。类似地，对任意的 $(t, \boldsymbol{x}) \in Q_T$，有 $W^z>0$。

证明 (N^z, W^z) 是状态方程 (5.4) 的局部解。选取

$$C \geqslant 2\max\{\|N_0\|_{L^\infty(\Omega)}, \|W_0\|_{L^\infty(\Omega)}\}$$

存在 $\xi \in (0, T)$ 使得

$$M\xi + \|N_0\|_{L^\infty(\Omega)} \leqslant N, M\xi + \|W_0\|_{L^\infty(\Omega)} \leqslant N$$

由不等式 (5.7) 和不等式 (5.8) 可得，对任意的 $t \in (0, \xi), \boldsymbol{x} \in \Omega$ 有 $N^z \leqslant C, M^z \leqslant C$。对 $t \in (0, \xi)$ 有 $f^z = f$ 成立，且可以推得 $u^z = (N^z, W^z)$ 是状态方程 (5.4) 定义在 $(0, \xi) \times \Omega$ 上的解。

证明该局部解也是状态方程 (5.4) 的全局解。需要证明 $N(\boldsymbol{x}, t)$ 和 $W(\boldsymbol{x}, t)$ 对 ξ 是一致有界的。为此，给出以下 ODE 系统：

$$\begin{cases} P' = f_1(P, Q, r) = JRp_c \dfrac{Q}{Q+k}P^2 - (R_{\mathrm{esp}} + r)P \\ Q' = f_2(P, Q, r) = A - LQ - R\gamma p_c \mu \dfrac{Q}{Q+k}P^2 \\ P(0) = P_0 > 0, Q(0) = Q_0 > 0 \end{cases} \quad (5.11)$$

由于 (P, Q) 只与时间有关，因此在 $(0, \xi) \times \Omega$ 上，系统 (5.11) 的解也是状态方程 (5.4) 的解，有 $P, Q>0$。为了证明 P, Q 是有界的，对系统 (5.11) 进行无量纲变换：

$$\begin{cases} \overline{P}' = f_1(\overline{P}, \overline{Q}, \overline{r}) = \overline{J} \dfrac{\overline{Q}}{\overline{Q} + \overline{k}} \overline{P}^2 - (\overline{R}_{\text{esp}} + \overline{r}) \overline{P} \\[2ex] \overline{Q}' = f_2(\overline{P}, \overline{Q}, \overline{r}) = \overline{A} - \overline{L} \overline{Q} - \overline{J} \dfrac{\overline{Q}}{\overline{Q} + \overline{k}} \overline{P}^2 \\[2ex] \overline{P}(0) = \overline{P}_0 > 0, \overline{Q}(0) = \overline{Q}_0 > 0 \end{cases} \qquad (5.12)$$

令 $\alpha = \min\left\{\overline{R}_{\text{esp}}, \overline{L}\right\}$,并将式(5.12)中的两个方程相加,有:

$$\frac{d(\overline{P} + \overline{Q})}{dt} \leqslant A - \alpha(\overline{P} + \overline{Q})$$

由微分形式的 Gronwall's 不等式可得:

$$0 < \overline{P}(t) + \overline{Q}(t) \leqslant (\overline{P}_0 + \overline{Q}_0 + A\xi)e^{-\alpha t} \leqslant \overline{P}_0 + \overline{Q}_0 + AT$$

根据以上不等式,对系统(5.11),存在一个常数 C(当 C 足够大时),使得:

$$0 < P(t) + Q(t) \leqslant P_0 + Q_0 + AT + C \qquad (5.13)$$

下面构造系统(5.4)的上解和下解。假设 $P = P(t; P_0, Q_0), Q = Q(t; P_0, Q_0)$ 是 ODE 系统(5.11)的解并且定义

$$N_{0,\max} = \max_{\Omega} N_0(\boldsymbol{x}), N_{0,\min} = \min_{\Omega} N_0(\boldsymbol{x})$$

$$W_{0,\max} = \max_{\Omega} W_0(\boldsymbol{x}), W_{0,\min} = \min_{\Omega} W_0(\boldsymbol{x})$$

对 $Q \geqslant 0, f_1$ 是拟单调递增的,f_2 是拟单调递减的,得到系统(5.4)的非负有序下解和上解:

$$下解:(P(t; N_{0,\min}, W_{0,\min}), Q(t; N_{0,\max}, W_{0,\min}))$$

$$上解:(P(t; N_{0,\max}, W_{0,\max}), Q(t; N_{0,\min}, W_{0,\max}))$$

由此可得:

$$P(t; N_{0,\min}, W_{0,\min}) \leqslant N(\boldsymbol{x}, t) \leqslant P(t; N_{0,\max}, W_{0,\max})$$

$$Q(t; N_{0,\max}, W_{0,\min}) \leqslant W(\boldsymbol{x}, t) \leqslant Q(t; N_{0,\min}, W_{0,\max}) \qquad (5.14)$$

由不等式(5.13)和不等式(5.14)可知,N、W 是系统(5.4)的全局正解。证毕。

下面对 N_r、W_r 进行先验估计。首先给出带有 ε 的 Young's 不等式:

$$mn \leqslant \varepsilon m^p + \frac{1}{q} (\varepsilon p)^{-\frac{q}{p}} n^q \qquad (5.15)$$

其中，$m, n, \varepsilon > 0, p, q > 1, \dfrac{1}{p} + \dfrac{1}{q} = 1$。

定理 5.2　令 $r \in U_{ad}(N_0(\boldsymbol{x}), W_0(\boldsymbol{x})) \in B(D)$，在 Ω 中位于 $(0, \infty)^2$，则状态方程 (5.4) 的强解是 $(N_r, W_r) \in L^\infty(Q_T)^2 \cap L^\infty(0, T; H^1(\Omega)^2)$。此外，存在一个常数 M（不依赖于 N, W, r），使得

$$\|N_r\|_{L^\infty(Q_T)} + \|N_r\|_{L^\infty(0,T;H^1(\Omega))} + \|N_r\|_{H^1(0,T;L^2(\Omega))} + \|N_r\|_{L^2(0,T;H^2(\Omega))} \leqslant M$$
$$(5.16)$$

$$\|W_r\|_{L^\infty(Q_T)} + \|W_r\|_{L^\infty(0,T;H^1(\Omega))} + \|W_r\|_{H^1(0,T;L^2(\Omega))} + \|W_r\|_{L^2(0,T;H^2(\Omega))} \leqslant M$$
$$(5.17)$$

证明：根据不等式 (5.13) 和不等式 (5.14)，有 $(N_r, W_r) \in L^\infty(Q_T)$ 且

$$\|N_r\|_{L^\infty(Q_T)} \leqslant C, \|W_r\|_{L^\infty(Q_T)} \leqslant C \qquad (5.18)$$

在式 (5.4) 的第一个方程两边同时乘以 $\dfrac{\partial N}{\partial t}$ 并在 Q_t 上进行积分，可得

$$\int_0^t \left\| \frac{\partial N(\tau)}{\partial \tau} \right\|_{L^2(\Omega)}^2 \mathrm{d}\tau = D_1 \int_0^t \int_\Omega \Delta N \frac{\partial N}{\partial \tau} \mathrm{d}\boldsymbol{x}\mathrm{d}\tau + \int_0^t \int_\Omega f_1(N, W, r) \frac{\partial N}{\partial \tau} \mathrm{d}\boldsymbol{x}\mathrm{d}\tau$$

根据 Green's 公式，上式右侧的第一项可以写为

$$D_1 \int_0^t \int_\Omega \Delta N \frac{\partial N}{\partial t} \mathrm{d}\boldsymbol{x}\mathrm{d}\tau = D_1 \int_\Omega (N(\boldsymbol{x}, t) - N(\boldsymbol{x}, 0)) \Delta N \mathrm{d}\boldsymbol{x}$$

$$= D_1 \int_\Omega N(\boldsymbol{x}, t) \Delta N \mathrm{d}\boldsymbol{x} - D_1 \int_\Omega N_0(\boldsymbol{x}) \Delta N \mathrm{d}\boldsymbol{x} = -D_1 \int_\Omega |\nabla N(\boldsymbol{x})|^2 \mathrm{d}\boldsymbol{x} + D_1 \int_\Omega |\nabla N_0|^2 \mathrm{d}\boldsymbol{x}$$

根据 Young's 不等式 (5.15) 有

$$\int_0^t \int_\Omega f_1(N, W, r) \frac{\partial N}{\partial \tau} \mathrm{d}\boldsymbol{x}\mathrm{d}\tau \leqslant \int_0^t \int_\Omega f_1^2(N, W, r) \mathrm{d}\boldsymbol{x}\mathrm{d}\tau + \int_0^t \int_\Omega \left(\frac{\partial N}{\partial \tau}\right)^2 \mathrm{d}\boldsymbol{x}\mathrm{d}\tau$$

这里 $\int_0^t \int_\Omega \left(\dfrac{\partial N}{\partial \tau}\right)^2 \mathrm{d}\boldsymbol{x}\mathrm{d}\tau \geqslant 0$。根据以上不等式，可得

$$\int_0^t \left\| \frac{\partial N(\tau)}{\partial \tau} \right\|_{L^2(\Omega)}^2 \mathrm{d}\tau + D_1 \int_\Omega |\nabla N|^2 \mathrm{d}\boldsymbol{x} \leqslant D_1 \int_\Omega |\nabla N_0|^2 \mathrm{d}\boldsymbol{x} +$$

$$\int_0^t \int_\Omega f_1^2(N(\tau),W(\tau),r(\tau)) \mathrm{d}\boldsymbol{x} \mathrm{d}\tau \tag{5.19}$$

同理可得

$$\int_\Omega |\nabla N(\boldsymbol{x})|^2 \mathrm{d}\boldsymbol{x} + D_1 \int_0^t \|\Delta N(\tau)\|_{L^2(\Omega)}^2 \mathrm{d}\tau \leqslant$$
$$\int_\Omega |\nabla N_0|^2 \mathrm{d}\boldsymbol{x} + \frac{1}{D_1}\int_0^t \int_\Omega f_1^2(N(\tau),W(\tau),r(\tau)) \mathrm{d}\boldsymbol{x}\mathrm{d}\tau \tag{5.20}$$

根据式(5.18)—式(5.20),不等式(5.16)成立。类似可得,不等式(5.17)成立。

下面证明式(5.3)的最优解的存在性。

定理 5.3   令 $r \in U_{ad}(N_0(\boldsymbol{x}),W_0(\boldsymbol{x})) \in B(D)$ 在 Ω 中位于 $(0,\infty)^2$,则最优控制问题式(5.3)和式(5.4)存在最优解 (N^*,W^*,r^*)。

证明:定义 $\rho = \inf\{J(N,W,r)\}$,其中,(N,W) 是状态方程(5.4)的最优解且 $r \in U_{ad}$。容易得到 ρ 是有界的,存在一个序列 (N^n,W^n,r^n) 使得

$$\begin{cases} \dfrac{\partial N^n}{\partial t} = D_1 \Delta N^n + f_1^n, & (\boldsymbol{x},t) \in Q_T \\[2mm] \dfrac{\partial W^n}{\partial t} = D_2 \Delta W^n + f_2^n, & (\boldsymbol{x},t) \in Q_T \\[2mm] D_1 \dfrac{\partial N^n}{\partial \boldsymbol{n}} = 0, D_2 \dfrac{\partial W^n}{\partial \boldsymbol{n}} = 0, & (\boldsymbol{x},t) \in \Sigma_T \\[2mm] N^n(\boldsymbol{x},0) = N_0^n(\boldsymbol{x}), W^n(\boldsymbol{x},0) = W_0^n(\boldsymbol{x}), & \boldsymbol{x} \in \Omega \end{cases} \tag{5.21}$$

其中,

$$f_1^n = JRp_c \frac{W^n}{W^n + k}(N^n)^2 - (R_{\mathrm{esp}} + r)N^n$$

$$f_2^n = A - LW^n - R\gamma p_c \mu \frac{W^n}{W^n + k}(N^n)^2$$

注意到 $r^n \in U_{ad}$。此外,根据下确界的定义,存在一序列 $\rho(N^n,W^n,r^n)$ 使得

$$\rho \leqslant \rho(N^n,W^n,r^n) \leqslant \rho + 1/n \tag{5.22}$$

根据定理 5.2, 有

$$
\begin{cases}
\left\| \dfrac{\partial N^n}{\partial t} \right\|_{L^2(Q)} \leqslant M, \ \left\| \dfrac{\partial W^n}{\partial t} \right\|_{L^2(Q)} \leqslant M, t \in [0,T] \\[3mm]
\| N^n \|_{L^2(0,T;H^2(\Omega))} \leqslant M, \ \| W^n \|_{L^2(0,T;H^2(\Omega))} \leqslant M
\end{cases}
\tag{5.23}
$$

其中, $M > 0$ 是一个常数。根据定理 5.2 可以得到序列 N^n 和 W^n 在 $L^2(0,T;$ $H^2(\Omega))$ 上有界, $\dfrac{\partial N^n}{\partial t}$ 和 $\dfrac{\partial W^n}{\partial t}$ 在 $L^2(Q_T)$ 上有界。利用紧性、紧嵌入性质和 Ascoli-Arzela 定理, 存在一子序列使得

$$
\frac{\partial N^n}{\partial t} \to \frac{\partial N^*}{\partial t} \ \text{弱收敛于} \ L^2(Q)
$$

$$
\frac{\partial W^n}{\partial t} \to \frac{\partial W^*}{\partial t} \ \text{弱收敛于} \ L^2(Q)
$$

$$
N^n \to N^* \ \text{强收敛于} \ L^2(0,T;H^1(\Omega)) \cap C([0.T];L^2(\Omega)) \tag{5.24}
$$

$$
W^n \to W^* \ \text{强收敛于} \ L^2(0,T;H^1(\Omega)) \cap C([0.T];L^2(\Omega))
$$

此外, 序列 ΔN^n 和 ΔW^n 在 $L^2(Q_T)$ 上有界（参考定理 5.2）, 可得

$$
\Delta N^n \to \Delta N^* \ \text{弱收敛于} \ L^2(Q_T)
$$

$$
\Delta W^n \to \Delta W^* \ \text{弱收敛于} \ L^2(Q_T)
$$

存在一个子序列, 也定义为 r^n 使得

$$
r^n \to r^* \ \text{弱收敛于} \ L^2(Q_T)
$$

U_{ad} 是 $L^2(Q_T)$ 的闭凸子集, 由此可得 U_{ad} 是弱闭的, 则有 $r^* \in U_{ad}$。计算下列表达式：

$$
\frac{W^n}{W^n + k}(N^n)^2 - \frac{W^*}{W^* + k}(N^*)^2
$$

$$
= \frac{W^n}{W^n + k}\left[(N^n)^2 - (N^*)^2 \right] + (N^*)^2 \left[\frac{W^n}{W^n + k} - \frac{W^*}{W^* + k} \right]
$$

$$
= \frac{W^n}{W^n + k}\left[(N^n + N^*)(N^n - N^*) \right] + (N^*)^2 \frac{k(W^n - W^*)}{(W^n + k)(W^n - k)}
$$

根据 $N^n - N^* \to 0$, $W^n - W^* \to 0$, 有

$$\frac{W^n}{W^n + k}(N^n)^2 \to \frac{W^*}{W^* + k}(N^*)^2 \qquad (5.25)$$

由式(5.24)和式(5.25)可得

$$f_1^n \to JRp_c \frac{W^*}{W^* + k}(N^*)^2 - (R_{esp} + r)N^*$$

$$f_2^n \to A - LW^* - R\gamma p_c \mu \frac{W^*}{W^* + k}(N^*)^2$$

当 $n \to \infty$ 时,根据 ρ 的弱下半连续性,可以求出式(5.21)和式(5.22)的极限,可以得到 (N^*, W^*, r^*) 是式(5.3)和式(5.4)的最优解。证毕。

下面证明最优控制问题式(5.3)的一阶必要最优条件。

定理 5.4 假设 r^* 是最优控制问题式(5.3)的最优解,则存在对应状态 (N^*, W^*, r^*) 和伴随状态 (p, q),使得下列伴随方程(5.26)和变分不等式(5.27)成立:

$$\begin{cases} -\dfrac{\partial p}{\partial t} = D_1 \Delta p + \dfrac{2W^*}{W^* + k}N^* Rp_c(Jp + r\mu q) - R_{esp}p \\[2mm] -\dfrac{\partial q}{\partial t} = D_2 \Delta q + \dfrac{k}{(W^* + k)^2}N^{*2}Rp_c(Jp + r\mu q) - Lq \\[2mm] \dfrac{\partial p}{\partial \boldsymbol{n}} = 0 \\[2mm] \dfrac{\partial q}{\partial \boldsymbol{n}} = 0 \\[2mm] p(\boldsymbol{x}, T) = b_1[N^*(\boldsymbol{x}, T) - N_T(\boldsymbol{x})] \\[2mm] q(\boldsymbol{x}, T) = b_2[W^*(\boldsymbol{x}, T) - W_T(\boldsymbol{x})] \end{cases} \qquad (5.26)$$

和

$$\int_0^T \int_\Omega (cr^* + N^*p)(r - r^*)\, \mathrm{d}\boldsymbol{x}\mathrm{d}t \geqslant 0 \qquad (5.27)$$

证明:构造拉格朗日函数

$$L[N,W,r,p,q] = J[N,W,r] + \int_0^T \int_\Omega \left[-\frac{\partial N}{\partial t} + D_1 \Delta N + f_1(N,W,r) \right] p \mathrm{d}\boldsymbol{x} \mathrm{d}t +$$

$$\int_0^T \int_\Omega \left[-\frac{\partial W}{\partial t} + D_2 \Delta W + f_2(N,W,r) \right] q \mathrm{d}\boldsymbol{x} \mathrm{d}t +$$

$$\int_0^T \int_{\partial\Omega} \left(-D_1 \frac{\partial N}{\partial n} \right) p \mathrm{d}s \mathrm{d}t + \int_0^T \int_{\partial\Omega} \left(-D_2 \frac{\partial W}{\partial n} \right) q \mathrm{d}s \mathrm{d}t$$

$$= J[N,W] + \int_0^T \int_\Omega \frac{\partial p}{\partial t} N \mathrm{d}\boldsymbol{x} \mathrm{d}t + \int_\Omega \left[N(\boldsymbol{x},0)p(\boldsymbol{x},0) - N(\boldsymbol{x},T)p(\boldsymbol{x},T) \right] \mathrm{d}\boldsymbol{x} +$$

$$\int_0^T \int_\Omega D_1 \Delta p N \mathrm{d}\boldsymbol{x} \mathrm{d}t - \int_0^T \int_{\partial\Omega} \frac{\partial p}{\partial \boldsymbol{n}} N \mathrm{d}s \mathrm{d}t + \int_0^T \int_\Omega f_1(N,W,r)p \mathrm{d}\boldsymbol{x} \mathrm{d}t +$$

$$\int_0^T \int_{\partial\Omega} \frac{\partial q}{\partial t} W \mathrm{d}\boldsymbol{x} \mathrm{d}t + \int_\Omega \left[W(\boldsymbol{x},0)q(\boldsymbol{x},0) - W(\boldsymbol{x},T)q(\boldsymbol{x},T) \right] \mathrm{d}\boldsymbol{x} +$$

$$\int_0^T \int_\Omega D_2 \Delta q W \mathrm{d}\boldsymbol{x} \mathrm{d}t \quad - \int_0^T \int_{\partial\Omega} \frac{\partial q}{\partial \boldsymbol{n}} W \mathrm{d}s \mathrm{d}t + \int_0^T \int_\Omega f_2(N,W,r)q \mathrm{d}\boldsymbol{x} \mathrm{d}t$$

(N^*,W^*,r^*) 是最优控制问题的局部最优解,对任意光滑的充分小 $N(\boldsymbol{x},t)$ 且 $N(\boldsymbol{x},t)=0$,拉格朗日泛函在 (N^*,W^*,r^*,p,q) 处的方向导数满足:

$$0 = L_n[N^*,W^*,r^*,p,q] = b_1 \int_\Omega \left[N^*(\boldsymbol{x},T) - N_T(\boldsymbol{x}) \right] N(\boldsymbol{x},T) \mathrm{d}\boldsymbol{x} +$$

$$\int_0^T \int_\Omega \frac{\partial p}{\partial t} N \mathrm{d}\boldsymbol{x} \mathrm{d}t - \int_\Omega p(\boldsymbol{x},T) N(\boldsymbol{x},T) \mathrm{d}\boldsymbol{x} +$$

$$\int_0^T \int_\Omega D_1 \Delta p N \mathrm{d}\boldsymbol{x} \mathrm{d}t - \int_0^T \int_\Omega \frac{\partial p}{\partial \boldsymbol{n}} N \mathrm{d}s \mathrm{d}t + \int_0^T \int_\Omega f_{1,N}(N^*,W^*,r^*) p N \mathrm{d}\boldsymbol{x} \mathrm{d}t +$$

$$\int_0^T \int_\Omega f_{2,N}(N^*,W^*,r^*) p N \mathrm{d}\boldsymbol{x} \mathrm{d}t$$

根据 $N(\boldsymbol{x},t)$ 的任意性可得关于 p 的状态方程满足:

$$\begin{cases} -\dfrac{\partial p}{\partial t} = D_1 \Delta p + f_{1,N}(N^*,W^*,r^*)p + f_{2,N}(N^*,W^*,r^*)q \\[2mm] \dfrac{\partial p}{\partial \boldsymbol{n}} = 0 \\[2mm] p(\boldsymbol{x},T) = b_1 \left[N^*(\boldsymbol{x},T) - N_T(\boldsymbol{x}) \right] \end{cases} \tag{5.28}$$

同理，对任意光滑的充分小 $W(\boldsymbol{x},t)$ 有 $W(\boldsymbol{x},t)=0$，拉格朗日泛函在 (N^*,W^*,r^*,p,q) 处的方向导数满足：

$$0 = L_w[N^*,W^*,r^*,p,q] = b_2\int_\Omega [W^*(\boldsymbol{x},T) - W_T(\boldsymbol{x})]W(\boldsymbol{x},T)\mathrm{d}\boldsymbol{x} +$$

$$\int_0^T\int_\Omega \frac{\partial q}{\partial t}W\mathrm{d}\boldsymbol{x}\mathrm{d}t - \int_\Omega q(\boldsymbol{x},T)W(\boldsymbol{x},T)\mathrm{d}\boldsymbol{x} +$$

$$\int_0^T\int_\Omega D_2\Delta q W\mathrm{d}\boldsymbol{x}\mathrm{d}t - \int_0^T\int_\Omega \frac{\partial q}{\partial \boldsymbol{n}}W\mathrm{d}s\mathrm{d}t + \int_0^T\int_\Omega f_{1,W}(N^*,W^*,r^*)q W\mathrm{d}\boldsymbol{x}\mathrm{d}t +$$

$$\int_0^T\int_\Omega f_{2,W}(N^*,W^*,r^*)q W\mathrm{d}\boldsymbol{x}\mathrm{d}t$$

根据 $W(\boldsymbol{x},t)$ 的任意性可得关于 q 的状态方程满足：

$$\begin{cases} -\dfrac{\partial q}{\partial t} = D_2\Delta q + f_{1,W}(N^*,W^*,r^*)p + f_{2,W}(N^*,W^*,r^*)q \\[2mm] \dfrac{\partial q}{\partial \boldsymbol{n}} = 0 \\[2mm] q(\boldsymbol{x},T) = b_2[W^*(\boldsymbol{x},T) - W_T(\boldsymbol{x})] \end{cases} \tag{5.29}$$

将 f_1,f_2 偏导数代入式(5.28)和式(5.29)，可得 p,q 的伴随方程。

注意允许控制集是闭凸集，拉格朗日泛函在 (N^*,W^*,r^*,p,q) 沿 $r-r^*$ 的方向导数满足：

$$0 \leqslant L_r[N^*,W^*,r^*,p,q]$$

$$= c\int_0^T\int_\Omega r^*(r-r^*)\mathrm{d}\boldsymbol{x}\mathrm{d}t + \int_0^T\int_\Omega f_{1,r}(N^*,W^*,r^*)(r-r^*)p\mathrm{d}\boldsymbol{x}\mathrm{d}t +$$

$$\int_0^T\int_\Omega f_{2,r}(N^*,W^*,r^*)(r-r^*)q\mathrm{d}\boldsymbol{x}\mathrm{d}t$$

根据 r 的任意性与 f_1,f_2 偏导数可得变分不等式：

$$\int_0^T\int_\Omega (cr^* + N^*p)(r-r^*)\,\mathrm{d}\boldsymbol{x}\mathrm{d}t \geqslant 0$$

此外，根据上式可得

$$r^* = P_{[r_1,r_2]}\left[-\frac{1}{c}N^*p\right]$$

其中,投影 P 定义为

$$P_{[r_1, r_2]}(r) = \max[r_1, \min[r_1, r_2]]$$

5.1.3 数值结果

(1)包头地区近 60 年植被生长情况

利用内蒙古包头地区 1960—2019 年的气象资料,统计各个年代的降雨量 A、气温 T 和 CO_2 浓度统计结果如表 5.2 所示。

表 5.2 包头地区 1960—2019 年各个年代的气候参数值

时间/年	$A/(\mathrm{mm \cdot d^{-1}})$	$T/℃$	CO_2 浓度/ppm
1960—1969	0.82	6.484	320
1970—1979	0.74	6.726	332
1980—1989	0.8	7.125	347
1990—1999	0.87	7.936	361.4
2000—2009	0.836	8.023	389.9
2010—2019	0.862	8.553	401.4

为了分析 1960—2019 年的植被生长情况,根据真实气象数据绘制了不同年代的日降雨量和平均植被密度(图 5.1)。从该图可知,平均植被密度的增长趋势与降雨量的变化趋势大致吻合。结果表明,包头地区的生长主要受降雨的影响。但是,20 世纪 90 年代和 21 世纪初的降雨量与植被密度的相关性存在特殊情形,主要是因为近年来 CO_2 浓度的增加促进了植被的生长。此外,近 30 年的平均植被密度在增加,该地区的植被分布向着良好的方向发展。

利用模型(5.1)和实际气象资料,对包头地区的植被在二维空间上进行了模拟。通过统计数据得到,该地区近 60 年的平均降雨量为 0.8 mm/d,年平均气温为 7.47 ℃,CO_2 浓度为 356.95 ppm。基于这些气象数据,对模型(5.1)进行数值模拟得到了该地区的植被斑图。如图 5.2 所示显示了包头地区(40°56′45″N,

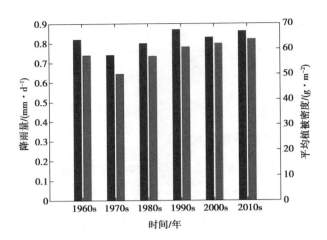

图5.1　降雨量和平均植被密度随时间的变化,灰:降雨;黑:平均植被密度

$109°45'24''E$)的实际植被影像[图5.2(a)]和使用当前气候参数模拟的植被斑图[图5.2(b)]。图5.2(a)来自谷歌地图,分辨率为$0.5\ m×0.5\ m$。结果表明,数值模拟的结果与实际比较一致,模型(5.1)能较准确地模拟包头地区植被的空间分布。

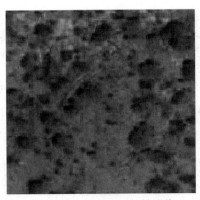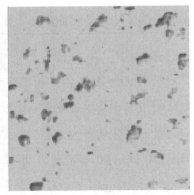

(a)包头地区的实际植被影像　　　(b)实际气象数据下的数值模拟结果

图5.2　包头地区植被实际分布与模拟结果对比

(2)不同气候因子对植被斑图的影响

本节研究不同气候因子(CO_2和温度)对包头市植被生长和分布的影响。如图5.3和图5.4所示分别显示了CO_2和温度对植被斑图的影响。结果表明,

在一定范围内随着 CO_2 浓度的增加,植被斑图由点状结构向带状结构转变,这有利于植被生态系统的稳健性,且平均植被密度与 CO_2 浓度呈正相关关系(图5.3)。与之不同的是,温度的增加使得平均植被密度下降,且斑图结构从带状向点状转化,从而使得生态系统更加脆弱(图5.4)。

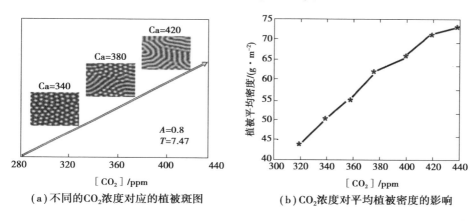

（a）不同的CO_2浓度对应的植被斑图　　　（b）CO_2浓度对平均植被密度的影响

图 5.3　CO_2 浓度对植被的影响

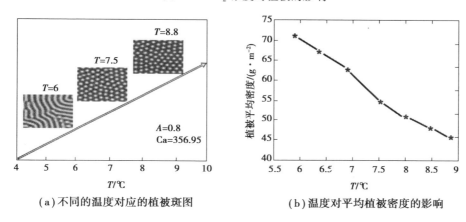

（a）不同的温度对应的植被斑图　　　（b）温度对平均植被密度的影响

图 5.4　温度对植被的影响

在干旱半干旱地区,降雨是影响植被生长的重要因素之一。选取 $T=7.47$,$[CO_2]=356.95$,其他参数值见表5.1。数值模拟的时间区间为 $t=8\ 000$。模拟结果表明,在不同的降雨量 A 下可形成不同结构的植被斑图,4 种具有代表性的斑图结构如图5.5 所示。在 $A=0.75$ mm/d 时,高密度集群被低密度集群包围,如图 5.5(a)所示。这些集群似乎是孤立的,从而可能导致荒漠化的发生。当 A 较大时,低密度的集群被大量的高密度区域包围[图 5.5(d)]。随着 A 的增大,植被状态依次为点状、混合、带状、间隙,植被高密度集中的区域逐渐占主导地位,植被系统的稳健性提高。

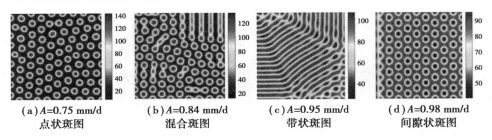

(a) A=0.75 mm/d　(b) A=0.84 mm/d　(c) A=0.95 mm/d　(d) A=0.98 mm/d
　点状斑图　　　　混合斑图　　　　带状斑图　　　　间隙状斑图

图 5.5　不同的降雨对应的植被斑图

为了定量描述不同结构的植被斑图所对应的植被密度与降雨量 A 之间的关系,引入了高密度绿色覆盖度(High Density Green Coverage, HDGC)指标,定义为

$$\text{HDGC}[N](A) = \frac{1}{|\Omega|} \int_{N(\boldsymbol{x};A) \geqslant N^*(A)} 1 \, \mathrm{d}\boldsymbol{x}$$

其中,$N^*(A)$ 是依赖于降雨 A 的系统(5.2)的正平衡点,$N(\boldsymbol{x};A)$ 是非平凡解。

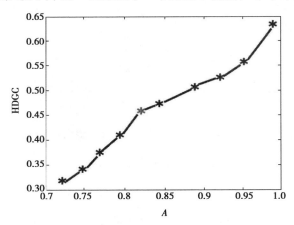

图 5.6　不同降雨量下的 HDGC,灰色标记为灾难转变的阈值

根据上述定义,可以计算出不同的降雨量 A 产生的稳态斑图对应的

HDGC,如图 5.6 所示。HDGC 与 A 之间存在正相关关系。当 HDGC 较大时,生态系统相对稳健。如果 HDGC 很小,干旱就会增加,这可能导致灾难性的生态系统荒漠化状态。HDGC 可作为生态系统稳健性评价指标。值得一提的是,图 5.6 中标记为灰色的 HDGC 值是斑点结构出现时对应的阈值,可以为这种灾难性的转变提供早期预警。

(3)CMIP6 不同气候情景对植被斑图的影响

本节选取了 4 种不同的气候情景来预测未来植被分布,主要考虑降雨、温度和 CO_2 对植被生长的影响。首先研究当前情景(Current)。通过国家气象中心的统计数据得到了 1960—2019 年的每日气温和降雨观测数据。通过观测数据得到当前的 CO_2 浓度是 401.4 ppm。其他 3 种气候情景来自第六次国际耦合模式比较计划,该项目主要考虑包括碳和氮循环过程在内的地球系统模式,该计划显著提高了大气和海洋模式的分辨率。ScenarioMIP 是基于共享社会经济路径(SSP)和典型集中路径(RCP)的一种新的气候预测情景。本章考虑的 3 种未来气候情景,有 3 个典型的共享社会经济路径(SSP1,SSP3,SSP5)和 3 个代表性浓度路径(RCP2.6,RCP4.5 和 RCP8.5)。SSP1,SSP3 和 SSP5 分别代表可持续发展、地方发展和常规发展。SSP1-2.6 表示到 2100 年气温增幅小于 2 ℃的低脆弱性、低缓解压力和低辐射强迫情景。SSP3-7.0 代表中度社会脆弱性和中度辐射强迫的组合。SSP5-8.5 是一种高排放情景,是到 2100 年能够实现 8.5 W/m^2 人为辐射强迫的唯一共享的社会经济路径。

利用上述 4 种不同气候情景下统计的降雨、温度和 CO_2 浓度数据进行线性回归分析,得出这 3 个气象要素在不同气候情景下的未来变化趋势。在 SSP1-2.6 情景下,降雨量会增加,4 种气候情景下的气温均呈上升趋势。在当前情景下,CO_2 浓度保持不变。在其他 3 种情景下,CO_2 浓度从当前的 401.4 ppm 一直增加。4 种气候情景的初始值为过去 10 年(2010—2019 年)的年平均降雨量和气温。分析结果见表 5.3。

表5.3　3种气候因子在不同情景下的变化率

情景	$A/(\mathrm{mm \cdot d^{-1}})$	$T/℃$	CO_2 浓度/ppm
Current	−0.684	0.029 5	—
SSP1-2.6	0.221	0.018	1.2
SSP3-7.0	−0.496	0.036 3	2.4
SSP5-8.5	−0.773	0.069	6.5

通过数值模拟,得到了4种情景下平均植被密度在未来100年随时间的变化情况(图5.7)。在SSP1-2.6情景中,平均植被密度随时间的增加而增加,表明在这种气候情景下,降雨和 CO_2 浓度的促进作用超过了温度上升的抑制作用。其他3种情景的平均植被密度随时间的增加而降低,尤其是当前情景,100年后植被密度趋于零。在SSP3-7.0和SSP5-8.5情景中, CO_2 浓度在植被生长初期起着关键的促进作用,且100多年后植被密度最终会趋于零。在SSP5-8.5情景中,植被密度下降速度快于SSP3-7.0情景,说明气温升高和降雨减少是植被减少的主要因素,且其抑制作用大于 CO_2 浓度增加的促进作用。综上所述,植被的生长和分布是各气候因子协同作用的结果。

如图5.8所示给出了不同时间(10年、30年、50年和100年)后的植被斑图变化,可以直观看出在不同情景下未来植被的生长和分布。从该图可知,植被早期主要表现为混合状和带状结构。而在SSP1-2.6情景中,由于降雨和 CO_2 浓度的增加,斑图结构发生条状→迷宫→均匀斑图结构转变,这是一种有利于植被生长的理想情景。在SSP3-7.0和SSP5-8.5早期,尽管气温升高和降雨减少会阻碍植被生长,但 CO_2 浓度在植被生长过程中起关键作用。

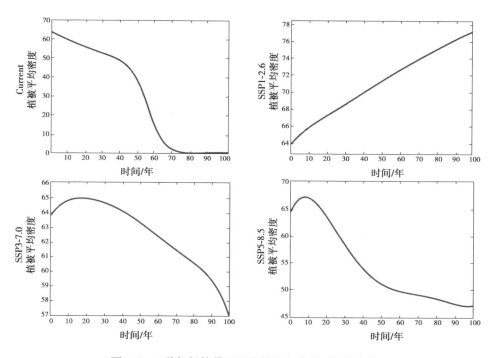

图 5.7　4 种气候情景下平均植被密度随时间的变化

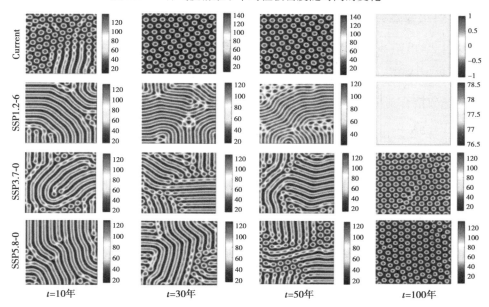

图 5.8　不同气候情景下植被斑图随时间的演化

（4）斑图结构的最优控制

在前面的模拟中，人工种植率 $r(\boldsymbol{x},t)$ 在空间和时间上等于零。本节通过人类活动来控制该地区内的植被斑图结构，以此来防止生态系统荒漠化的发生。为此，考虑将 $r(\boldsymbol{x},t)$ 作为控制参数，它是关于空间和时间的函数。选择如图 5.5 所示作为目标斑图 $N_T(\boldsymbol{x})$，对应的降雨 A 分别为 0.75，0.84，0.95，其代表不同的斑图结构。在图 5.9 所示中，选取 3 种不同降雨下的无控制斑图，给出了最优控制量 $r(\boldsymbol{x},t)$ 和相关状态变量 $N(\boldsymbol{x},t)$ 的斑图，其中，最优控制参数为 $b_1 = 0.001$，$b_2 = 0.001$，$c = 0.00001$。在 $r_{\{\text{uncontrolled}\}} = 0.5$ 的情况下，斑图呈现沙漠化状态。通过最优控制方法，其分布由点状 $r_{\{\text{taget}\}} = 0.75$ 变为间隙结构 $r_{\{\text{taget}\}} = 0.98$。当 $r_{\{\text{uncontrolled}\}} = 0.72$ 时，该斑图为点状结构，可通过最优控制手段转化为间隙结构。由图 5.8 可知，间隙斑图对应较大的 HDGC 值，而点状结构对应较小的 HDGC 值。综上所述，图 5.9 所示的最优控制方法对提高 HDGC 非常有效。该图为通过人类活动提高生态系统的稳健性提供了理论指导。

（5）极端降雨对植被分布的影响

自 20 世纪 80 年代以来，气候变化异常导致了全球许多地方出现极端天气，如极端降雨。为了研究极端降雨（如洪水）对包头地区植被分布的影响，将脉冲函数耦合到植被反应-扩散模型中：

$$\begin{cases} \dfrac{\partial N}{\partial t} = JRp_c \dfrac{W}{W+k}N^2 - R_{\text{esp}}N + D_1\Delta N, t \neq t_k, k = 1,2,3,\cdots \\[2mm] \dfrac{\partial W}{\partial t} = A - LW - R\gamma p_c \mu \dfrac{W}{W+k}N^2 + D_2\Delta W, t \neq t_k, k = 1,2,3,\cdots \\[2mm] W(\boldsymbol{x},t_k^+) - W(\boldsymbol{x},t) = pW(\boldsymbol{x},t), t = t_k, k = 1,2,3,\cdots \\[2mm] \dfrac{\partial P}{\partial \boldsymbol{n}} = 0, \dfrac{\partial W}{\partial \boldsymbol{n}} = 0 \\[2mm] N(\boldsymbol{x},0^+) = N_0, W(\boldsymbol{x},0^+) = W_0 \end{cases} \qquad (5.30)$$

其中，p 是与降雨量有关的常数。

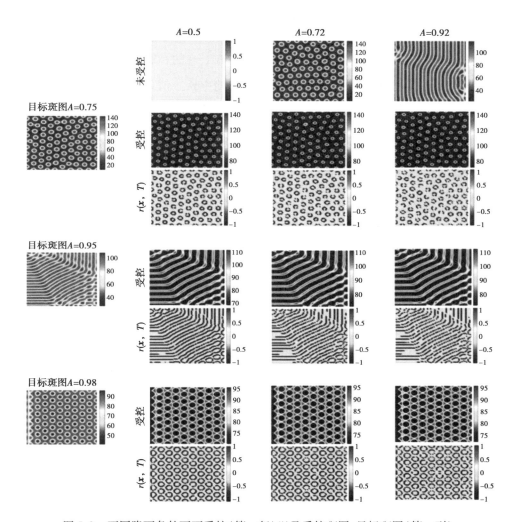

图 5.9　不同降雨条件下不受控(第一行)以及受控斑图、目标斑图(第一列)
的植被结构和最优控制量 $r(\boldsymbol{x},t)$

下面根据模型(5.30)进行数值模拟。选取参数: $A=0.84$ mm/d, $T=8.84$ ℃,
$[CO_2]=401.4$ ppm, $p=60$。其他参数值详见表 5.1。如图 5.10 所示展示了极
端降雨对包头地区植被分布的影响。图 5.10(a)为极端降雨发生前的植被空
间分布图。图 5.10(b)展示了极端降雨过程中的植被斑图,由该图可知,当极
端降雨发生时,植被密度增加,植被生长趋势变好。图 5.10(c)展示了在极端

降雨发生后的植被空间分布情况。将图 5.10(c) 和图 5.10(b) 进行比较可知图 5.10(c) 植被密度呈减少趋势。此外,图 5.10(c) 的植被生长趋势要好于图 5.10(a)。综上所述,极端降雨可以促进植被的生长。值得注意的是,当降雨量足够大时,会导致洪涝灾害的发生,此时会对植被生态系统造成破坏,特别是由草本植被组成的生态系统,植被斑图将会消失。

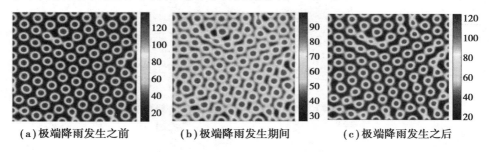

(a) 极端降雨发生之前   (b) 极端降雨发生期间   (c) 极端降雨发生之后

图 5.10   极端降雨影响下的植被斑图的变化

5.2   基于动力学模型研究青海湖地区未来植被斑图演化

来自中国的观测资料表明,近 50 年来中国的年平均气温的上升速度快于全世界的年平均气温的上升速度,特别是青藏高原。青藏高原已成为受气候变化影响最典型的区域之一。这是因为青藏高原是世界中纬度区域海拔最高的地区,高纬度和高海拔地区更容易受到全球变暖的影响。近几十年来,青藏高原经历了快速升温的过程,升温速度几乎是全球的两倍。青藏高原气候变化不仅直接驱动我国东部和西南部气候的变化,而且对北半球具有巨大的影响,是北半球气候变化的一个调节器。

青海湖是中国最大的盐湖,位于青藏高原东北部,海拔约 3 200 m,经度为东经 99°36′—100°47′,纬度为北纬 36°32′—37°15′。青海湖地处季风过渡带,是控制西部地区荒漠化向东蔓延的天然屏障,是中国著名的旅游度假区。湖的平均深度为 21 m,最大深度超过 29 m。近几十年来该地区降雨量增加,导致青海湖水位上升和湖泊扩大。近 50 年来,青海湖地区平均气温每 10 年上升 0.319 ℃。

　　近几十年来,众多学者对青海湖周围的植被进行了研究。Wang 等人研究了青海湖地区草地植被与气候参数的关系。结果表明,青海湖流域植被覆盖改善的主要原因是降雨的增加。Wang 等人对青海湖东岸最大荒漠地区的植物群落特征进行了研究,结果表明,该地区植物群落的物种多样性和草本植被覆盖度基本一致,这与沙丘的稳定性呈正相关关系。Cai 等人研究了人类活动和气候变化对青海湖流域植被的影响。但是,上述关于青海湖地区植被的研究大都是基于观测数据和统计方法。目前,基于动力学模型研究该地区植被的空间分布和生长规律的工作较少。本章给出了一个关于植被-水的反应扩散模型,并应用斑图动力学理论来揭示植被时空分布特征。

　　本节主要解决以下问题:①如何建立合适的植被-气候动力学模型? ②不同的气候因子如何影响植被的生长? ③不同气候情景下植被斑图将如何变化? ④如何合理有效地防止植被系统荒漠化?

5.2.1　动力学建模和稳定性分析

　　植被的遮阳作用可以降低水分的蒸发速率,本节基于 1999 年 Klausmeier 模型并耦合降雨、CO_2 浓度和温度这 3 种气候要素,建立一类具有遮阳效应的植被-气候动力学模型:

$$\begin{cases} \dfrac{\partial N}{\partial t} = C_g - R_{esp}N + D_N \Delta N \\[2mm] \dfrac{\partial W}{\partial t} = A - (1 - \rho N)W - E_r + D_W \Delta W \end{cases}$$

其中,ρ 为由遮阳效应减少的水分蒸发速率。由光合作用引起的植被生物量的增长 C_g 可由下式给出:

$$C_g = C_a \left(1 - \dfrac{C_i}{C_a}\right) C_1 R g_{CO_2} W N^2$$

其中，C_a 为环境 CO_2 浓度，C_1 为植被生物量光合转换系数，C_i 为冠层细胞间有效 CO_2 浓度。由呼吸作用引起的植被损失率 R_{esp} 可以用 Michaelis 函数近似表示：

$$R_{esp} = B_R M_{10}^{\frac{T-10}{10}}$$

其中，B_R 表示单位生物量的基本呼吸作用。

E_r 表示植被的蒸腾作用，可以描述饱和比湿度与实际比湿度的差值，E_r 的表达式为

$$E_r \approx g_{canopy}(q^* - q_a)$$

其中，g_{canopy} 表示水分在冠层间传输的电导度，与植被吸收的水分密切相关。由于植被吸水量为 RWN^2，因此可得以下表达式：

$$g_{canopy} = g_{H_2O}RWN^2 = \gamma g_{CO_2}RWN^2$$

其中，g_{H_2O} 为叶片传输水的最大电导率，且 $g_{H_2O} = \gamma g_{CO_2}$，$g_{H_2O}$ 是叶片传输 CO_2 的最大电导率，γ 为转换系数。

q 为无量纲后的比湿度（即水蒸气密度与干燥大气密度之比），定义为 $q = \rho_v/\rho_d$，其中，$\rho_v(kg/m^3)$ 和 $\rho_d(kg/m^3)$ 分别表示水蒸气和空气的密度。根据道尔顿分压定律，有

$$\rho_d = \frac{P - s}{R_d T_a}, \rho_v = \frac{0.622s}{R_d T_a}$$

其中，P 是大气压强，s 是蒸汽压力，R_d 是常数，T_a 是绝对温度。假设 $q^* = \frac{0.622s^*}{P}$，根据上述分析可得

$$E_r = R\gamma g_{CO_2}WN^2\frac{0.622}{P}s^*\left(1 - \frac{s}{s^*}\right)$$

根据 Clausius-Clapeyron 函数，可以得到饱和蒸气压：

$$s^*(T) = 0.611\exp\left(\frac{17.502T}{T + 240.97}\right)$$

设相对湿度 $R_h = \frac{s}{s^*}$，$E_r = R\gamma g_{CO_2}WN^2\frac{0.622}{P}s^*(1 - R_h)$。

基于以上分析,得到一个研究青海湖地区植被生长的二变量动力学模型:

$$\begin{cases} \dfrac{\partial N}{\partial t} = JRg_{CO_2}WN^2 - R_{esp}N + D_N\Delta N, & (\boldsymbol{x},t) \in U := \Omega \times (0,T) \\[3mm] \dfrac{\partial W}{\partial t} = A - (1 - \rho N)W - R\gamma g_{CO_2}qWN^2 + D_W\Delta W, & (\boldsymbol{x},t) \in U := \Omega \times (0,T) \end{cases}$$

$$(5.31)$$

其中 $\Omega \subset \mathbb{R}^2, J = C_a\left(1 - \dfrac{C_i}{C_a}\right)C_1, q = \dfrac{0.622}{P}e^*(1 - R_h)$。

在本节中,将通过对系统(5.31)的稳定性分析来得到产生图灵斑图的条件。系统(5.31)的平衡点为

$$E_0 = (0,A)$$

$$E_1 = \left(\frac{ARg_{CO_2}J + R_{esp}\rho + \sqrt{\Phi}}{2\gamma qR_{esp}Rg_{CO_2}}, \frac{ARJg_{CO_2} + R_{esp}\rho - \sqrt{\Phi}}{2g_{CO_2}RJL}\right)$$

$$E_2 = \left(\frac{ARg_{CO_2}J + R_{esp}\rho - \sqrt{\Phi}}{2\gamma qR_{esp}Rg_{CO_2}}, \frac{ARJg_{CO_2} + R_{esp}\rho + \sqrt{\Phi}}{2g_{CO_2}RJL}\right)$$

其中,$\Phi = (ARJg_{CO_2} + \rho R_{esp})^2 - 4R\gamma g_{CO_2}qR_{esp}^2$。$E_0$ 是裸地平衡点。

下面讨论平衡点的稳定性。为了保证 E_1 和 E_2 具有生物学意义,这里假设条件 $\Phi > 0$ 成立。令

$$F(N,W) = JRg_{CO_2}WN^2 - R_{esp}N, G(N,W) = A - LW - R\gamma qg_{CO_2}WN^2$$

将系统(5.31)在 $E_i = (N_i, W_i)(i = 0,1,2)$ 处进行线性化:

$$\begin{pmatrix} \dfrac{\partial N}{\partial t} \\[3mm] \dfrac{\partial W}{\partial t} \end{pmatrix} = D\Delta\begin{pmatrix} N \\ W \end{pmatrix} + M\begin{pmatrix} N \\ W \end{pmatrix}$$

$$(5.32)$$

其中,

$$D\Delta = \begin{pmatrix} D_N\Delta & 0 \\ 0 & D_W\Delta \end{pmatrix}, M = \begin{pmatrix} a_{11} & a_{12} \\ a_{21} & a_{22} \end{pmatrix}$$

$$a_{11} = 2g_{CO_2}JRN^*W^* - R_{esp}, a_{12} = g_{CO_2}JRN^{*2}$$

$$a_{21} = -2g_{CO_2}\gamma qRN^*W^*, a_{22} = -g_{CO_2}\gamma qRN^{*2} - L$$

令

$$\begin{pmatrix} N \\ W \end{pmatrix} = \begin{pmatrix} N_i \\ W_i \end{pmatrix} + \begin{pmatrix} c_1 \\ c_2 \end{pmatrix} e^{\lambda t + ikx} + c.c + O(\varepsilon^2)$$

其中, k 为波数, λ 为扰动在 t 中的增长速率。将上式代入式(5.32),得到特征方程:

$$\det M = \begin{vmatrix} a_{11} - D_N k^2 - \lambda & a_{12} \\ a_{21} & a_{22} - D_W k^2 - \lambda \end{vmatrix} = 0$$

进一步可推得

$$\lambda^2 + \beta_1(k)\lambda + \beta_2(k) = 0 \qquad (5.33)$$

其中,

$$\beta_1(k) = a_{11} + a_{22} - (D_N + D_W)k^2$$

$$\beta_2(k) = D_N D_W k^4 - (a_{11}D_W + a_{22}D_N)k^2 + a_{11}a_{22} - a_{12}a_{21}$$

根据以上的推导,可得以下结论:

定理5.5 假设 $\Phi > 0$,则裸地平衡点 E_0 是稳定的,正平衡点 E_2 不稳定。

证明:裸地平衡点 E_0 对应的特征方程中的系数分别为

$$\beta_1(k) = (D_N + D_W)k^2 + R_{esp} + 1, \beta_2(k) = (D_N k^2 + R_{esp})(D_W k^2 + 1)$$

有 $\beta_1(k) > 0, \beta_2(k) > 0(k = 0, 1, 2, \cdots)$, E_0 是稳定的。类似地,可得 E_2 对应的特征方程的系数为

$$\beta_1(k) = (D_N + D_W)k^2 + \frac{A^2 J^2 Rg_{CO_2} - 2R_{esp}^3 q\gamma + AJR_{esp}\rho - AJ\sqrt{\Phi}}{2R_{esp}^2 q\gamma}$$

$$\beta_2(k) = D_N D_W k^4 + \frac{(A^2 J^2 RD_N g_{CO_2} - 2R_{esp}^3 D_W q\gamma + AJR_{esp}D_N\rho - AJD_N\sqrt{\Phi})k^2}{2R_{esp}^2 q\gamma} +$$

$$\frac{1}{2R_{esp}Rg_{CO_2}q\gamma}(\Phi - AJR_{esp}g_{CO_2}\sqrt{\Phi} - R_{esp}\rho\sqrt{\Phi})$$

容易看出当 $k=0$ 时,有 $\beta_2(0)<0$,E_2 不稳定。

下面分析 E_1 的动态行为。E_1 对应的特征方程的系数为

$$\beta_1(k) = (D_N + D_W)k^2 + \frac{A^2J^2Rg_{CO_2} - 2R_{esp}^3q\gamma + AJR_{esp}\rho + AJ\sqrt{\Phi}}{2R_{esp}^2q\gamma}$$

$$\beta_2(k) = D_ND_Wk^4 + \frac{(A^2J^2RD_Ng_{CO_2} - 2R_{esp}^3D_Wq\gamma + AJR_{esp}D_N\rho + AJD_N\sqrt{\Phi})k^2}{2R_{esp}^2q\gamma} +$$

$$\frac{1}{2R_{esp}Rg_{CO_2}q\gamma}(\Phi + AJR_{esp}g_{CO_2}\sqrt{\Phi} + R_{esp}\rho\sqrt{\Phi})$$

当 $k=0$ 时,很容易检验出 $\beta_2(0)>0$。基于上述讨论,可得以下定理:

定理 5.6　假设 $\Phi>0$,当 $D_N=D_W=0$ 时,若 $\beta_1(0)>0$ 成立,则 E_1 稳定的;若 $\beta_1(0)<0$,则 E_1 不稳定。

根据图灵不稳定理论,可以得出系统(5.31)产生图灵斑图需满足以下条件:系统(5.31)在没有扩散的情况下平衡点是稳定的,而在有扩散的情况下平衡点不稳定。对某些 $k\in\mathbb{N}^+$,当 $\beta_1(0)>0$ 成立的前提下,$\beta_1(k)<0$ 或 $\beta_2(k)<0$ 其中一个不等式成立时,系统(5.31)产生图灵斑图。

5.2.2　最优控制问题

根据上一节推导得到的图灵不稳定性条件,通过数值实验给出了在不同降雨条件下的植被斑图(图 5.11)。从该图可知,随着降雨量 A 的增加,植被斑图由点状结构向条状结构转化,表明该植被生态系统的稳健性逐渐增强。本节的目标是通过最优控制手段将在低降雨下的植被斑图转化为高降雨下的植被斑图,以此来防止生态系统荒漠化的发生。将人工种植率 $r(\boldsymbol{x},t)$ 作为控制参数。基于系统(5.31),考虑带有控制参数的植被系统:

$$
\begin{cases}
\dfrac{\partial N}{\partial t} = JRg_{CO_2}WN^2 - R_{esp}N + rN + D_N\Delta N, (\boldsymbol{x},t) \in U \\[3mm]
\dfrac{\partial W}{\partial t} = A - (1-\rho N)W - R\gamma g_{CO_2}qWN^2 + D_W\Delta W, (\boldsymbol{x},t) \in U
\end{cases}
$$

$r(\boldsymbol{x},t)$ 的允许控制集为

$$
\Lambda_{ad} = \{r \in L^\infty(U) \mid r_1 < r(\boldsymbol{x},t) < r_2, (\boldsymbol{x},t) \in U\}
$$

考虑以下最优控制问题:

$$
\min_{r \in \Lambda_{ad}} J[r] = J_1(r) + J_2(r) \tag{5.34}
$$

其中,

$$
J_1(r) = \frac{b_1}{2}\int_\Omega [N(\boldsymbol{x},T) - N_T(\boldsymbol{x})]^2 \mathrm{d}\boldsymbol{x} + \frac{b_2}{2}\int_\Omega [W(\boldsymbol{x},T) - W_T(\boldsymbol{x})]^2 \mathrm{d}\boldsymbol{x}
$$

$$
J_2(r) = \frac{c}{2}\int_0^T\int_\Omega r^2(\boldsymbol{x},t)\mathrm{d}\boldsymbol{x}\mathrm{d}t
$$

满足状态方程:

$$
\begin{cases}
\dfrac{\partial N}{\partial t} = D_N\Delta N + f_1(n,w,r), & (\boldsymbol{x},t) \in U \\[3mm]
\dfrac{\partial W}{\partial t} = D_W\Delta W + f_2(n,w,r), & (\boldsymbol{x},t) \in U \\[3mm]
\dfrac{\partial N}{\partial \boldsymbol{n}} = 0, \dfrac{\partial W}{\partial \boldsymbol{n}} = 0, & (\boldsymbol{x},t) \in \Sigma := \partial\Omega \times (0,T) \\[3mm]
N(\boldsymbol{x},0) = N_0(\boldsymbol{x}), W(\boldsymbol{x},0) = W_0(\boldsymbol{x}), & \boldsymbol{x} \in \Omega,
\end{cases}
$$

$$
\tag{5.35}
$$

其中,

$$
f_1(n,w,r) = JRg_{CO_2}WN^2 - R_{esp}N + rN, f_2(n,w,r) = A - (1-\rho N)W - R\gamma g_{CO_2}qWN^2
$$

J 为目标泛函,$N_T(\boldsymbol{x})$ 和 $W_T(\boldsymbol{x})$ 为目标斑图,$N(\boldsymbol{x},t)$ 和 $W(\boldsymbol{x},t)$ 为状态变量。$r(\boldsymbol{x},t)$ 是控制变量,b_1,b_2 和 c 是常数。

目标函数表达了期望的精度和实现这种精度所付出的代价之间的权衡。具体来讲,最优控制的目标是在降低成本(如人工种植量)的同时,使未受控斑

图 $N(\boldsymbol{x},T)$ 和 $W(\boldsymbol{x},T)$ 尽可能接近目标斑图 $(N_T(\boldsymbol{x}),W_T(\boldsymbol{x}))$。

接下来讨论一阶必要最优性条件。首先构造拉格朗日泛函：

$$L[N,W,r,v_1,v_2] = J[N,W,r] + \int_0^T \int_\Omega \left[-\frac{\partial N}{\partial t} + D_N \Delta N + f_1(N,W,r) \right] v_1 \mathrm{d}\boldsymbol{x}\mathrm{d}t +$$

$$\int_0^T \int_\Omega \left[-\frac{\partial W}{\partial t} + D_W \Delta W + f_2(N,W,r) \right] v_2 \mathrm{d}\boldsymbol{x}\mathrm{d}t +$$

$$\int_0^T \int_{\partial\Omega} \left(-D_N \frac{\partial N}{\partial \boldsymbol{n}} \right) v_1 \mathrm{d}s\mathrm{d}t + \int_0^T \int_{\partial\Omega} \left(-D_W \frac{\partial W}{\partial \boldsymbol{n}} \right) v_2 \mathrm{d}s\mathrm{d}t$$

$$= J[N,W] + \int_0^T \int_\Omega \frac{\partial v_1}{\partial t} N \mathrm{d}\boldsymbol{x}\mathrm{d}t + \int_\Omega \left[N(\boldsymbol{x},0)v_1(\boldsymbol{x},0) - \right.$$

$$\left. N(\boldsymbol{x},T)v_1(\boldsymbol{x},T) \right] \mathrm{d}\boldsymbol{x} + \int_0^T \int_\Omega D_N \Delta v_1 N \mathrm{d}\boldsymbol{x}\mathrm{d}t -$$

$$\int_0^T \int_{\partial\Omega} \frac{\partial v}{\partial \boldsymbol{n}} N \mathrm{d}s\mathrm{d}t + \int_0^T \int_\Omega f_1(N,W,r) v_1 \mathrm{d}\boldsymbol{x}\mathrm{d}t +$$

$$\int_\Omega \left[W(\boldsymbol{x},0)v_2(\boldsymbol{x},0) - W(\boldsymbol{x},T)v_2(\boldsymbol{x},T) \right] \mathrm{d}\boldsymbol{x} +$$

$$\int_0^T \int_\Omega \frac{\partial v_2}{\partial t} W \mathrm{d}\boldsymbol{x}\mathrm{d}t + \int_0^T \int_\Omega D_W \Delta v_2 W \mathrm{d}\boldsymbol{x}\mathrm{d}t -$$

$$\int_0^T \int_{\partial\Omega} \frac{\partial v_2}{\partial \boldsymbol{n}} W \mathrm{d}s\mathrm{d}t + \int_0^T \int_\Omega f_2(N,W,r) v_2 \mathrm{d}\boldsymbol{x}\mathrm{d}t$$

(N^*,W^*,r^*) 是最优控制问题的局部最优解，对任意光滑的充分小 $N(\boldsymbol{x},T)$ 且 $N(\boldsymbol{x},T) = 0$，拉格朗日泛函在 (N^*,W^*,r^*,v_1,v_2) 处的方向导数满足：

$$0 = L_N[N^*,W^*,r^*,v_1,v_2] = b_1 \int_\Omega \left[N^*(\boldsymbol{x},T) - N_T(\boldsymbol{x}) \right] N(\boldsymbol{x},T) \mathrm{d}\boldsymbol{x} +$$

$$\int_0^T \int_\Omega \frac{\partial v_1}{\partial t} N \mathrm{d}\boldsymbol{x}\mathrm{d}t - \int_\Omega v_1(\boldsymbol{x},T) N(\boldsymbol{x},T) \mathrm{d}\boldsymbol{x} +$$

$$\int_0^T \int_\Omega D_N \Delta v_1 N \mathrm{d}\boldsymbol{x}\mathrm{d}t - \int_0^T \int_{\partial\Omega} \frac{\partial v_1}{\partial \boldsymbol{n}} N \mathrm{d}s\mathrm{d}t + \int_0^T \int_\Omega f_{1,N}(N^*,W^*,r^*) v_1 N \mathrm{d}\boldsymbol{x}\mathrm{d}t +$$

$$\int_0^T \int_\Omega f_{2,N}(N^*,W^*,r^*) v_2 N \mathrm{d}\boldsymbol{x}\mathrm{d}t$$

根据 $N(x,T)$ 的任意性可得关于 v_1 的状态方程满足：

$$
\begin{cases}
-\dfrac{\partial v_1}{\partial t} = D_N \Delta v_1 + f_{1,N}(N^*, W^*, r^*)v_1 + f_{2,N}(N^*, W^*, r^*)v_2 \\[2mm]
\dfrac{\partial v_1}{\partial \boldsymbol{n}} = 0 \\[2mm]
v_1(\boldsymbol{x}, T) = b_1 \big[N^*(\boldsymbol{x}, T) - N_T(\boldsymbol{x}) \big]
\end{cases}
\qquad (5.36)
$$

类似地，由 $L_W[N^*, W^*, r^*, v_1, v_2] = 0$ 可得

$$
\begin{cases}
-\dfrac{\partial v_2}{\partial t} = D_W \Delta v_2 + f_{1,W}(N^*, W^*, r^*)v_1 + f_{2,W}(N^*, W^*, r^*)v_2 \\[2mm]
\dfrac{\partial v_2}{\partial \boldsymbol{n}} = 0 \\[2mm]
v_2(\boldsymbol{x}, T) = b_2 \big[W^*(\boldsymbol{x}, T) - W_T(\boldsymbol{x}) \big]
\end{cases}
\qquad (5.37)
$$

将 $f_{1,N}, f_{1,W}, f_{2,N}, f_{2,W}$ 代入方程(5.36)和方程(5.37)中，得到 (v_1, v_2) 的伴随方程为

$$
\begin{cases}
-\dfrac{\partial v_1}{\partial t} = D_N \Delta v_1 + 2W^* N^* R g_{CO_2}(Jv_1 - rv_2) - R_{esp} v_1 \\[2mm]
-\dfrac{\partial v_2}{\partial t} = D_W \Delta v_2 + N^{*2} R g_{CO_2}(Jv_1 - rv_2) - Lv_2 \\[2mm]
\dfrac{\partial v_1}{\partial \boldsymbol{n}} = 0 \\[2mm]
\dfrac{\partial v_2}{\partial \boldsymbol{n}} = 0 \\[2mm]
v_1(\boldsymbol{x}, T) = b_1 \big[N^*(\boldsymbol{x}, T) - N_T(\boldsymbol{x}) \big] \\[2mm]
v_2(\boldsymbol{x}, T) = b_2 \big[W^*(\boldsymbol{x}, T) - W_T(\boldsymbol{x}) \big]
\end{cases}
\qquad (5.38)
$$

注意到允许控制集是闭凸集，拉格朗日泛函在 $(N^*, W^*, r^*, v_1, v_2)$ 沿 $r-r^*$ 的方向导数满足：

$$0 \leqslant L_r[N^*, W^*, r^*, v_1, v_2]$$

$$= c\int_0^T\!\!\int_\Omega r^*(r-r^*)\mathrm{d}\boldsymbol{x}\mathrm{d}t + \int_0^T\!\!\int_\Omega f_{1,r}(N^*, W^*, r^*)(r-r^*)v_1\mathrm{d}\boldsymbol{x}\mathrm{d}t + \quad (5.39)$$

$$\int_0^T\!\!\int_\Omega f_{2,r}(N^*, W^*, r^*)(r-r^*)v_2\mathrm{d}\boldsymbol{x}\mathrm{d}t$$

根据 r 的任意性，将 $f_{1,r}$ 和 $f_{2,r}$ 代入(5.37)，可得以下变分不等式：

$$\int_0^T\!\!\int_\Omega (cr^* + N^*v_1)(r-r^*)\,\mathrm{d}\boldsymbol{x}\mathrm{d}t \geqslant 0 \qquad (5.40)$$

此外，根据上式可得

$$r^* = P_{[r_1, r_2]}\left[-\frac{1}{c}N^*v_1\right]$$

其中，投影 P 定义为

$$P_{[r_1, r_2]}(r) = \max[r_1, \min[r_1, r_2]]$$

5.2.3　数值结果

本节根据上一节得到的理论结果进行数值模拟。首先，利用有限差分法将状态方程、伴随方程等进行离散化；其次将该算法应用于最优控制问题，得到数值结果。

(1)数值离散化

选取空间区域 $(x, y) \in \Omega = (0, L)^2$，时间区域为 $[0, T]$。对时间进行网格剖分：$t_n = n\Delta t, n = 0, 1, \cdots, M$，时间步长为 $\Delta t = T/M$。对网格点进行空间剖分：网格点 $(x_i, y_j) = (ih, jh), i, j = 0, 1, \cdots, Z$，空间步长为 $h = L/Z$。使用五点有限差分法对状态方程[式(5.35)]和伴随方程[式(5.38)]进行空间离散化；采用向前差分方法进行时间离散化。系统的初值为 (N_0, W_0)，n 的取值为 0 到 $M-1$，在 (x_i, y_j, t_n) 处状态方程的离散格式如下：

$$\frac{N_{i,j}^{n+1} - N_{i,j}^n}{\Delta t} = D_N \frac{N_{i,j-1}^n + N_{i-1,j}^n - 4N_{i,j}^n + N_{i+1,j}^n + N_{i,j+1}^n}{h^2} + f_1(N_{i,j}^n, W_{i,j}^n, r_{i,j}^n)$$

$$\frac{W_{i,j}^{n+1} - W_{i,j}^n}{\Delta t} = D_W \frac{W_{i,j-1}^n + W_{i-1,j}^n - 4w_{i,j}^n + w_{i+1,j}^n + w_{i,j+1}^n}{h^2} + f_2(p_{i,j}^n, w_{i,j}^n, r_{i,j}^n)$$

其中,$N_{i,j}^0 := N_0(x_i, y_j)$,$W_{i,j}^0 := W_0(x_i, y_j)$,$i,j = 0,1,\cdots,Z-1$。

对于伴随方程[式(5.38)],采用半隐式格式,终端值 $v_1(\boldsymbol{x},T)$ 和 $v_2(\boldsymbol{x},T)$ 已知,n 的值从 $M-1$ 取到 0。(x_i, y_j, t_n) 点处伴随系统的离散格式为

$$-\frac{v_{1i,j}^{n+1} - v_{1i,j}^n}{\Delta t} = D_N \frac{v_{1i,j-1}^n + v_{1i-1,j}^n - 4v_{1i,j}^n + v_{1i+1,j}^n + v_{1i,j+1}^n}{h^2} +$$

$$v_2(N_{i,j}^{n+1}, W_{i,j}^{n+1}, r_{i,j}^{n+1}, v_{1i,j}^{n+1}, v_{2i,j}^{n+1})$$

$$-\frac{v_{2i,j}^{n+1} - v_{2i,j}^n}{\Delta t} = D_W \frac{v_{2i,j-1}^n + v_{2i-1,j}^n - 4v_{2i,j}^n + v_{2i+1,j}^n + v_{2i,j+1}^n}{h^2} +$$

$$v_2(N_{i,j}^{n+1}, W_{i,j}^{n+1}, r_{i,j}^{n+1}, v_{1i,j}^{n+1}, v_{2i,j}^{n+1})$$

接下来离散目标函数[式(5.34)]——对时间和空间积分的近似,使用复合梯形公式。对目标泛函的离散结果如下:

$$J(r) \approx \frac{b_1}{2} \sum_{i,j=0}^{Z-1} \int_{P_{i,j}} [N_r(\boldsymbol{x},T) - N_T(\boldsymbol{x})]^2 \mathrm{d}x\mathrm{d}y +$$

$$\frac{b_2}{2} \sum_{i,j=0}^{Z-1} \int_{P_{i,j}} [W_r(\boldsymbol{x},T) - W_T(\boldsymbol{x})]^2 \mathrm{d}x\mathrm{d}y +$$

$$\frac{c\Delta t}{4} \sum_{n=0}^{M-1} \sum_{i,j=0}^{Z-1} \int_{P_{i,j}} ((r^n)^2 + (r^{n+1})^2) (\boldsymbol{x},t) \mathrm{d}x\mathrm{d}y$$

应用投影梯度下降法来得到目标函数(5.34)的最优解。当受控斑图 $N^*(\boldsymbol{x},T)$ 与目标斑图 $N_{tar}(\boldsymbol{x})$ 之间的相对误差小于设定值时,算法停止,该相对误差定义为

$$\mathrm{relError} = \frac{\| N^* - N_T \|}{\| N_T \|}$$

(2)植被斑图对不同气候因子的响应

根据青海湖 1969—2019 年的气候数据进行数值模拟,研究植被斑图对气

候变化的响应。首先根据统计数据得到降雨、温度和 CO_2 浓度的平均值,分别为 1.05 mm/d,$0.987\ 9$ ℃,396 ppm。其他参数值为:$B_R=1$,$R_h=0.4$,$g_{CO_2}=10\times 10^{-3}$,$M_{10}=1.6$,$R=2.6\times 10^{-2}$,$\gamma=2.5\times 10^3$,$C_1=12$,$C_i/C_a=0.6$,$\rho=0.24$,$D_N=0.1$,$D_W=100$。

如图 5.11 和图 5.12 分别展示了降雨和 CO_2 浓度对植被斑图的影响。由图可知,随着降雨和 CO_2 浓度的增加,植被斑图由点状结构向条状结构转变。最高密度在逐渐减小,最低密度在逐渐增大。图 5.13 展示了植被斑图随温度的变化。从该图可知,随着温度的升高,植被斑图由条状向点状结构转化,最高密度在增大,最低密度在减小,分布更加不均匀,植被生态系统的稳健性在降低。3 种气候因子对植被平均密度的影响不同。平均植被密度与降雨和 CO_2 浓度呈正相关关系,而与温度呈负相关关系,结果如图 5.14 所示。

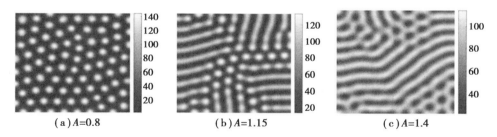

（a）$A=0.8$　　　　　（b）$A=1.15$　　　　　（c）$A=1.4$

图 5.11　当 $[CO_2]=396$ ppm,$T=0.987\ 9$ 时,A 对植被斑图的影响

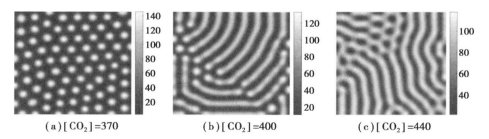

（a）$[CO_2]=370$　　　　（b）$[CO_2]=400$　　　　（c）$[CO_2]=440$

图 5.12　当参数 $A=1.05$,$T=0.987\ 9$ 时,CO_2 浓度对植被斑图的影响

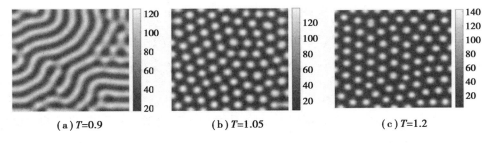

(a) $T=0.9$ (b) $T=1.05$ (c) $T=1.2$

图 5.13 当 $A=1.05$, $[CO_2]=396$ ppm 时,植被斑图随 T 的变化

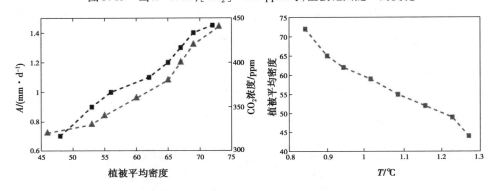

图 5.14 不同气候因子对平均植被密度的影响

(3)不同气候情景下植被斑图的演化

本小节主要预测在 3 种不同气候情景下青海湖地区未来植被生长情况。3 个气候情景的模拟数据选自第 5 次国际耦合模式比较计划(CMIP5),它具有 3 个代表性浓度路径(RCP2.6,RCP4.5 和 RCP8.5)。关于 CMIP5 的详细介绍见表 5.4。

表 5.4 CMIP5 中不同气候情景的解释

情景	解释	2100 年的 CO_2 浓度/ppm
RCP2.6	低辐射强迫情景	440
RCP4.5	中辐射强迫情景	610
RCP8.5	高辐射强迫情景	1 170

采用线性回归分析对 3 种不同情景下的温度、CO_2 浓度和降雨数据进行统计，得到气候变化趋势。结果见表 5.5。3 种气候情景下的温度和 CO_2 浓度都呈增长趋势，而降雨只在 RCP4.5 和 RCP8.5 两种气候情景下呈增长趋势。如图 5.15 所示展示了在不同气候情景下未来植被斑图的演化过程。在 RCP2.6 情景中，随着时间的增加，植被斑图的演化过程为：条状→间隙状→均匀态，表明植被系统的鲁棒性在增强。由此可以推断出，降雨和 CO_2 浓度的增加可以提高植被系统的稳健性。与 RCP2.6 情景相比，RCP4.5 和 RCP8.5 的空间分布结构由条状结构向点状结构转化，表明生态系统有发生荒漠化的风险。

表 5.5　3 种气候因子在不同情景下的变化率

情景	$A/(\mathrm{mm \cdot d^{-1}})$	$T/℃$	CO_2 浓度/ppm
RCP2.6	0.002	0.008 9	440
RCP4.5	−0.170	0.027 3	610
RCP8.5	−0.471	0.057 6	1 170

（4）最优控制

为了提高生态系统的恢复力，避免荒漠化的发生，可以通过人类活动（如人工种植）来达到这一目标。如图 5.11 所示，随着降雨量的减少，斑图由带状结构向点状结构转变。降雨对植被的空间分布有显著影响。在图 5.16 中，选取高降雨值 $A=1.3$ 对应的斑图结构作为目标斑图，该目标斑图对应着稳健的生态系统。从该图可知，低降雨（$A=0.8$ 和 $A=1.15$）所对应的植被斑图结构可以通过最优控制手段转化为高降雨所对应的斑图结构。通过最优控制理论可以将植被斑图转化为理想状态的斑图结构。

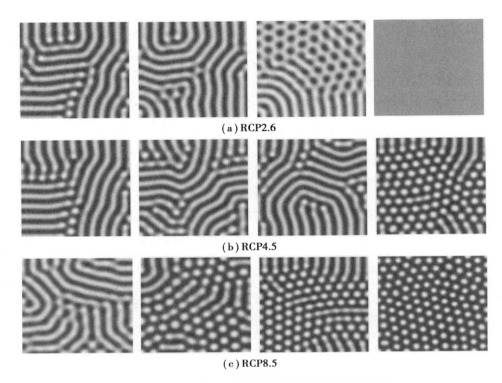

（a）RCP2.6

（b）RCP4.5

（c）RCP8.5

图 5.15　不同时间、不同情景下植被斑图的演化过程

（从左到右，对应的时间分别为 $t=10$ 年、30 年、50 年、80 年）

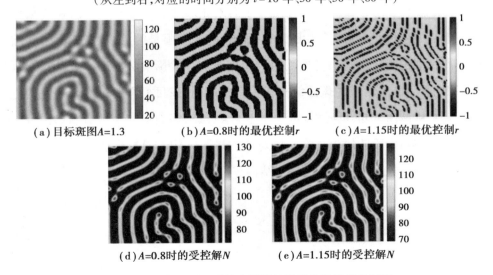

（a）目标斑图 $A=1.3$　　（b）$A=0.8$ 时的最优控制 r　　（c）$A=1.15$ 时的最优控制 r

（d）$A=0.8$ 时的受控解 N　　（e）$A=1.15$ 时的受控解 N

图 5.16　目标斑图和受控斑图的植被结构及最优控制量

5.3　本章小结

本章选取内蒙古包头地区和青海湖地区这两个典型的半干旱地区为例,将气候因素(温度、CO_2 浓度、降雨)耦合到植被模型中,应用植被-气候动力学模型研究气候变化对该地区植被分布的影响。通过数学分析,本章给出了模型产生图灵斑图的条件,此外,还考虑了最优控制问题:首先证明了最优控制问题状态方程解的适定性;然后证明了最优控制问题最优解的存在性和一阶必要最优条件;最后根据理论结果进行了数值模拟。

对于包头这一研究区域,首先收集了该地区过去 60 年的 CO_2 浓度、温度和降雨数据,并分析了这些气候因素与植被密度之间的相关性;其次应用 CMIP6 模式预测了在不同的气候情景下(当前情形,SSP1-2.6,SSP3-7.0,SSP5-8.5)未来 100 年的植被生长。结果表明,当前情景下植被荒漠化速度最快,SSP1-2.6 是最理想的植被生长气候情景。在 Current、SSP3-7.0 和 SSP5-8.5 这 3 种情景下的未来植被演化过程为荒漠化提供了预警信号。特别是在 Current 情景下,包头地区植被覆盖度在未来 100 年将趋于 0。此外,给出了荒漠化评价指标,为灾难性的转变提供早期预警。

与研究包头地区不同的是,对青海湖地区,这里采用了 CMIP5 模式预测了该地区未来植被生长趋势。数值结果表明,在 RCP4.5 和 RCP8.5 情景下,未来植被系统会发生荒漠化。与 RCP4.5 和 RCP8.5 相比,降雨和 CO_2 浓度升高的双重作用,使得 RCP2.6 情景是青海湖地区较为理想的气候情景。

此外,模拟结果显示,温度、降雨和 CO_2 浓度对这两个地区的植被生长有着重要的影响。CO_2 浓度和降雨有利于这两个地区植被的生长,而温度的增加不仅会导致点状结构的出现,还会降低植被的平均密度,不利于植被的生长。结果表明,植被斑图是温度、降雨和 CO_2 浓度协同作用的结果。

如何及时有效地进行荒漠化防治是当今世界急需解决的问题。借助最优控制的方法,通过人类活动(如人工种植)手段,可以控制不同植被斑图结构的形成。具体来讲,任何斑图结构(如点状结构、条形结构和间隙结构等)都可以通过最优控制方法转化成理想的斑图结构。模拟结果证明了最优控制方法在防治生态系统荒漠化方面的有效性。未来将会考虑成本因素,应用稀疏最优控制方法来控制植被斑图结构的形成,达到防治植被系统荒漠化的目的。

第6章 具有交叉扩散的植被模型斑图形成的稀疏最优控制

　　植被斑图的形成可以表征植被在时间和空间上的分布特征与生长规律。作为描述时空动力学的有力工具,反应扩散方程在植被生态系统中得到了广泛的应用。干旱半干旱地区的生态系统脆弱,且对气候变化较为敏感,因此容易发生荒漠化。荒漠化防治是当今人类面临的重大挑战。人类活动(如人工种植)是防治植被生态系统荒漠化的有效策略之一。此外,反应扩散方程的最优控制理论为防治生态系统荒漠化提供了理论基础。例如,Sun 等人构建了一类植被-水反应扩散方程,研究表明通过最优控制手段,可将任何一斑图结构转化为理想的斑图结构,从而有效地防止荒漠化的发生。但相关文献却并没有考虑到成本的问题。本章研究的主要目标是通过人类活动来控制植被斑图结构的形成,同时保证投入的成本尽可能小。为此,本章研究了一类植被-水模型的稀疏最优控制问题。

　　本章的主要内容安排如下:6.1 节,建立了一类具有交叉扩散的植被-水模型,分析了正平衡点附近的动力学行为,得到了产生图灵斑图的条件,通过模拟得到了在不同降雨条件下形成的不同结构的植被斑图。6.2 节,建立了稀疏最优控制问题,对状态方程的解进行了先验估计,并得到一阶必要最优性条件。6.3 节,通过数值模拟验证了该控制方法的有效性和合理性。6.4 节为本章的结论。

6.1 模型的建立和稳定性分析

假设植被和水之间的扩散机制是土壤水扩散机制,基于 1999 年 Klausmeier 模型,构造了一类具有交叉扩散的植被-水动力学模型:

$$
\begin{cases}
\dfrac{\partial P}{\partial T} = \mathrm{JRWP}^2 - \mathrm{MP} + r_1 P + D_1 \Delta P & \boldsymbol{X} \in \Omega, T > 0 \\[3mm]
\dfrac{\partial W}{\partial T} = A - \mathrm{LW} - \mathrm{RWP}^2 + D_2 \Delta(W - \beta_1 P) & \boldsymbol{X} \in \Omega, T > 0
\end{cases}
\tag{6.1}
$$

这里 β_1 表示土壤水反馈扩散的强度,$r_1(\boldsymbol{X}, T)$ 为一控制函数(如人类活动), 其中,$\boldsymbol{X} = (X_1, X_2)^{\top}$。

对模型(6.1)进行无量纲化得到如下模型:

$$
\begin{cases}
\dfrac{\partial p}{\partial t} = wp^2 - mp + rp + \Delta p & \boldsymbol{x} \in \Omega, t > 0 \\[3mm]
\dfrac{\partial w}{\partial t} = a - w - wp^2 + \delta \Delta(w - \beta p) & \boldsymbol{x} \in \Omega, t > 0
\end{cases}
\tag{6.2}
$$

其中 $\boldsymbol{x} = (\boldsymbol{x}, y)^{\top}$。下面主要研究模型(6.1)的动力学性态。很明显,模型(6.1)有 3 个平衡点:一个裸地平衡点 $E_0 = (0, a)$ 和两个正平衡点 E_1、E_2:

$$
E_1 = (p_1, w_1) = \left(\frac{2m - 2r}{a + \sqrt{a^2 - 4(m-r)^2}}, \frac{a + \sqrt{a^2 - 4(m-r)^2}}{2} \right)
$$

$$
E_2 = (p_2, w_2) = \left(\frac{2m - 2r}{a - \sqrt{a^2 - 4(m-r)^2}}, \frac{a - \sqrt{a^2 - 4(m-r)^2}}{2} \right)
$$

E_1 和 E_2 存在的充要条件为 $a > 2(m-r)$。下面对这两个正平衡点进行稳定性分析。模型(6.1)在正平衡点附近的线性化系统如下:

$$
\begin{cases}
\dfrac{\partial p}{\partial t} = a_{11} p + a_{12} w + \Delta p & \boldsymbol{x} \in \Omega, t > 0 \\[3mm]
\dfrac{\partial w}{\partial t} = a_{21} p + a_{22} w + \delta \Delta(w - \beta p) & \boldsymbol{x} \in \Omega, t > 0
\end{cases}
\tag{6.3}
$$

对于正平衡点 (p_i, w_i)，$i=1,2$，有：

$$a_{11} = m - r, a_{12} = p_i^2, a_{21} = -2(m - r), a_{22} = -1 - p_i^2.$$

令

$$\begin{pmatrix} p \\ w \end{pmatrix} = \begin{pmatrix} p_i \\ w_i \end{pmatrix} + \begin{pmatrix} c_1 \\ c_2 \end{pmatrix} e^{\lambda t + ik \cdot r} + c.c + o(\varepsilon^2),$$

这里 k 是波数，λ 是关于时间 t 的扰动增长率，i 是虚数单位，$c.c$ 表示复共轭，$\boldsymbol{r}$ 表示向量空间。将上式代入 (6.3) 中可以得到如下特征方程：

$$\lambda^2 - \mathrm{tr}_k \lambda + \Delta_k = 0,$$

其中，$\mathrm{tr}_k = -(1+\delta)k^2 + a_{11} + a_{22}$，$\Delta_k = \delta k^4 - (a_{11}\delta + a_{12}\beta\delta + a_{22})k^2 + a_{11}a_{22} - a_{12}a_{21}$。

系统 (6.2) 产生图灵斑图的条件是：系统在不考虑扩散情形下，平衡点是稳定的；在考虑扩散条件下，平衡点不稳定，即特征方程至少有一个实部为正的特征根。

对于 (p_1, w_1)，因为 $\Delta_0 = (m-r)(p_1^2 - 1) = -\dfrac{2(m-r)\sqrt{a^2 - 4(m-r)^2}}{a + \sqrt{a^2 - 4(m-r)^2}} < 0$，因此 (p_1, w_1) 不稳定。

对于 (p_2, w_2)，因为 $\mathrm{tr}_k = -(1+\delta)k^2 - \dfrac{2a}{a - \sqrt{a^2 - 4(m-r)^2}} < 0$（$k = 0, 1, 2, \cdots$）且 $\Delta_0 > 0$，则 (p_2, w_2) 的稳定性主要取决于 Δ_k。因此，系统 (6.2) 产生图灵斑图的条件为：存在某个 $k > 0$，有 $\Delta_k < 0$ 成立，即有 $(\Delta_k)_{\min} = \Delta_0 - \dfrac{(m\delta - r\delta + \beta\delta p_2^2 - 1 - p_2^2)^2}{4\delta} < 0$ 成立。下面主要研究 (p_2, w_2) 的动力学性态。

根据已得到的图灵斑图产生的条件，选取参数值：$m = 1.3$，$\delta = 50$，$\beta = 0.203$，$r = 0$，模拟在不同降雨条件下 $a \in (5,5,8)$ 形成的植被斑图，如图 6.1 所示。可以看出当降雨量 $a = 5.0$ 时，植被斑图呈点状结构，这种结构可能导致荒漠化。随着降雨量的增加，植被斑图由点状结构向带状结构转化，最终呈现均匀态。因此，从图 6.1 可以看出，在干旱半干旱地区，随着降雨量的增加，植被生态系统的稳健性逐渐提高。

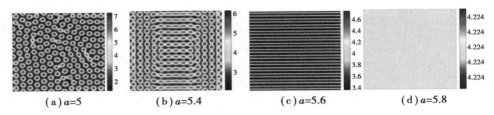

图 6.1　不同的降雨对应的植被斑图

根据第 5 章给出的高密度绿色覆盖度指标的定义,有如下表达式:

$$\mathrm{HDGC}(t;a) = \frac{1}{|\Omega|}\int_{p(x,t;a)\geqslant p^*(a)} 1\mathrm{d}x, \boldsymbol{x} \in \Omega \subset \mathbb{R}^2$$

其中,$p^*(a)$是依赖于降雨 a 的系统(6.1)的常数平衡点,$p(x,t;a)$是非平凡解。

图 6.2(a)给出了 HDGC 值随降雨量 a 和时间 t 变化的二维等高线图,图 6.2(b)直观地展示了 HDGC 值与降雨量 a 的关系。从图 6.2(b)可以看出,当斑图达到稳态时,HDGC 会随着 a 的增加而增大。结合图 6.1 和图 6.2 可得到如下结论:当 HDGC 值较大时,植被生态系统比较稳健;反之,当 HDGC 值降低到一定值时,植被生态系统有发生荒漠化的风险。因此,可将 HDGC 值作为植被生态系统的稳健性评价指标。

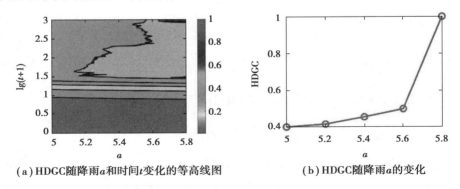

（a）HDGC随降雨a和时间t变化的等高线图　　　（b）HDGC随降雨a的变化

图 6.2　降雨对 HDGC 的影响

6.2　最优控制

在上一节中,控制变量 $r(\boldsymbol{x},t)$ 在时间和空间上都为 0。这部分考虑将控制变量 $r(\boldsymbol{x},t)$ 作为时间和空间上的函数,运用最优控制理论来控制植被斑图的形成。首先,假设 Ω 是 $\mathbb{R}^2$ 的有界开子集,其边界 $\partial\Omega$ 为 $C^{2+\theta}$ 类,$\theta>0$。考虑如下最优控制问题:

$$\inf J(r) : = J_1(r) + J_2(r) + J_3(r) \tag{6.4}$$

其中,

$$J_1(r) = \frac{c_1}{2}\int_\Omega \big[p_r(\boldsymbol{x},T) - p_{tar}(\boldsymbol{x}) \big]^2 \mathrm{d}\boldsymbol{x} + \frac{c_2}{2}\int_\Omega \big[w_r(\boldsymbol{x},T) - w_{tar}(\boldsymbol{x}) \big]^2 \mathrm{d}\boldsymbol{x}$$

$$J_2(r) = \frac{c_3}{2}\int_0^T\!\!\int_\Omega r^2(\boldsymbol{x},t)\,\mathrm{d}\boldsymbol{x}\mathrm{d}t, J_3(r) = b\int_0^T\!\!\int_\Omega \big| r(\boldsymbol{x},t) \big|\,\mathrm{d}\boldsymbol{x}\mathrm{d}t$$

(p_r,w_r) 满足如下状态方程:

$$\begin{cases} \dfrac{\partial p}{\partial t} \triangleq f_1(p,w,r) + \Delta p, & (\boldsymbol{x},t) \in Q_T : = \Omega \times (0,T) \\[2mm] \dfrac{\partial w}{\partial t} \triangleq f_2(p,w,r) + \delta\Delta w - \delta\beta\Delta p, & (\boldsymbol{x},t) \in Q_T \\[2mm] \dfrac{\partial p}{\partial \boldsymbol{n}} = 0, \dfrac{\partial w}{\partial \boldsymbol{n}} = 0, & (\boldsymbol{x},t) \in \Sigma_T : = \partial\Omega \times (0,T) \\[2mm] p(\boldsymbol{x},0) = p_0(\boldsymbol{x}), w(\boldsymbol{x},0) = w_0(\boldsymbol{x}), & \boldsymbol{x} \in \Omega \end{cases} \tag{6.5}$$

$$f_1(p,w,r) = wp^2 - mp + rp, f_2(p,w,r) = a - w - wp^2$$

这里 J 是目标泛函,$p(\boldsymbol{x},t)$ 和 $w(\boldsymbol{x},t)$ 为状态变量,p_{tar} 和 w_{tar} 是目标斑图,T 是终端时刻,c_1,c_2,c_3,b 是非负常数,$p(\boldsymbol{x},0)$ 和 $w(\boldsymbol{x},0)$ 是初始条件,$r(\boldsymbol{x},t)$ 为控制变量。这里 $r(\boldsymbol{x},t)$ 的允许控制集为:

$$\Lambda_{ad} = \{ r \in L^\infty(Q_T) : -r_0 \leqslant r(\boldsymbol{x},t) \leqslant +r_0, \forall (\boldsymbol{x},t) \in Q_T : = \Omega \times (0,T) \}$$

本节的主要目标是以较小的人工投入成本使得旱地植被生态系统的稳健

性提高,以此防止荒漠化的发生,其控制效果由斑图呈现。具体来讲,当某地区的降雨量 a 较低时,通过控制措施使其状态变量 $p(\boldsymbol{x},t)$ 具有较大的 HDGC 值。因此,目标斑图是图 6.2 中具有较大 HDGC 值的斑图结构,即:混合斑图、带状斑图或均匀斑图。此外,为进一步降低成本,这里引入了稀疏控制。由 c_3 和 b 加权的项限定了控制参数 r 的大小,且由 b 加权的项决定了控制参数 r 的稀疏结构。这里,假设 $\Theta:Y(\Theta)\to C(\overline{\Omega},\mathbb{R}^2)$ 是线性算子,其中

$$\Theta = \begin{pmatrix} \Delta & 0 \\ -\beta\delta\Delta & \delta\Delta \end{pmatrix},$$

$$Y(\Theta):=\left\{\psi:=(p,w)\in\bigcap_{p\geq1}W^{2,p}(\Omega):\frac{\partial p}{\partial\boldsymbol{n}}=\delta\frac{\partial w}{\partial\boldsymbol{n}}=0,\Theta\psi\in C(\overline{\Omega},\mathbb{R}^2)\right\}.$$

首先对状态方程(6.5)的解进行先验估计。

定理 6.1 设 $\psi^0:=(p_0,w_0)\in Y(\Theta),\psi^0>0$ 在 $\overline{\Omega}$ 上。则存在一个常数 K(不依赖于 p,w,r),使得

$$\|p_r\|_{L^\infty(Q_T)} + \|w_r\|_{L^\infty(Q_T)} \leq K \tag{6.6}$$

证明 首先给出如下一阶常微分方程:

$$\begin{cases} Q'=f_1(Q,R,r)=RQ^2-mQ+rQ & t\in(0,T) \\ R'=f_2(Q,R,r)=a-R-RQ^2 & t\in(0,T) \\ Q(0)=Q_0>0 & R(0)=R_0>0 \end{cases} \tag{6.7}$$

注意到 (Q,R) 只依赖于时间,因此常微分方程(6.7)的解也满足方程(6.5),所以有 $Q>0,R>0$。下面证明 Q,R 的有界性。将方程(6.7)的前两个方程相加,可得如下不等式成立

$$\frac{\mathrm{d}(Q+R)}{\mathrm{d}t} \leq a + r(Q+R)$$

根据 Gronwall's 不等式有

$$0 < Q(t)+R(t) \leq (Q_0+R_0+aT)\mathrm{e}^{rt} \leq (Q_0+R_0+aT)\mathrm{e}^T \tag{6.8}$$

这里需要说明的是本文对 r 的取值范围为 $r\in[-1,1]$。

接下来构造状态方程［式（6.5）］的上解和下解。令 $Q = Q(t; Q_0, R_0)$ 和 $R = R(t; Q_0, R_0)$ 为式（6.7）的解且定义

$$p_{0,\max} = \max_{\overline{\Omega}} p_0(\boldsymbol{x}), p_{0,\min} = \min_{\overline{\Omega}} p_0(\boldsymbol{x})$$

$$w_{0,\max} = \max_{\overline{\Omega}} p_0(\boldsymbol{x}), w_{0,\min} = \min_{\overline{\Omega}} w_0(\boldsymbol{x})$$

很容易看出，f_1 是拟单调递增的，f_2 是拟单调递减的。进一步可得到状态方程（6.5）的非负有序上解和下解：

上解：$(Q(t; p_{0,\max}, w_{0,\max}), R(t; p_{0,\min}, w_{0,\max}))$

下解：$(Q(t; p_{0,\min}, w_{0,\min}), R(t; p_{0,\max}, w_{0,\min}))$

所以有

$$
\begin{aligned}
Q(t; p_{0,\min}, w_{0,\min}) \leqslant p(\boldsymbol{x}, t) \leqslant Q(t; p_{0,\max}, w_{0,\max}) \\
R(t; p_{0,\max}, w_{0,\min}) \leqslant w(\boldsymbol{x}, t) \leqslant R(t; p_{0,\min}, w_{0,\max})
\end{aligned}
\tag{6.9}
$$

结合不等式（6.8）和不等式（6.9），可以推得 $(p_r, w_r) \in L^{\infty}(Q_T)$，且存在足够大的 K，使得式（6.6）成立。证毕。

定理 6.2　设 $\psi^0 := (p_0, w_0) \in Y(\Theta), \psi^0 > 0$ 在 $\overline{\Omega}$ 上。则存在一个常数 M（不依赖于 p, w, r），使得

$$\| p_r \|_{H^1(0,T;L^2(\Omega))} + \| p_r \|_{L^{\infty}(0,T;H^1(\Omega))} + \| p_r \|_{L^2(0,T;H^2(\Omega))} \leqslant M \quad (6.10)$$

$$\| w_r \|_{H^1(0,T;L^2(\Omega))} + \| w_r \|_{L^{\infty}(0,T;H^1(\Omega))} + \| w_r \|_{L^2(0,T;H^2(\Omega))} \leqslant M \quad (6.11)$$

证明　将状态方程［式（6.5）］的第一个方程乘以 $\dfrac{\partial p}{\partial t}$ 并在 Q_t 上积分，可得

$$\int_0^t \left\| \frac{\partial p(\tau)}{\partial \tau} \right\|_{L^2(\Omega)}^2 \mathrm{d}\tau = \int_0^t \int_{\Omega} f_1(p, w, r) \frac{\partial p}{\partial \tau} \mathrm{d}\boldsymbol{x} \mathrm{d}\tau + \int_0^t \int_{\Omega} \Delta p \frac{\partial p}{\partial \tau} \mathrm{d}\boldsymbol{x} \mathrm{d}\tau \quad (6.12)$$

由 Green's 公式可得，式（6.12）右边的第二项可化为如下形式

$$\int_0^t \int_{\Omega} \Delta p \frac{\partial p}{\partial \tau} \mathrm{d}\boldsymbol{x} \mathrm{d}\tau = -\frac{1}{2} \int_{\Omega} |\nabla p(t)|^2 \mathrm{d}\boldsymbol{x} + \frac{1}{2} \int_{\Omega} |\nabla p_0|^2 \mathrm{d}\boldsymbol{x} \quad (6.13)$$

由 Young's 不等式可得

$$\int_0^t \int_\Omega f_1(p,w,r)\,\frac{\partial p}{\partial \tau}\mathrm{d}\boldsymbol{x}\mathrm{d}\tau \leqslant \frac{1}{2}\int_0^t \int_\Omega \left(\frac{\partial p}{\partial \tau}\right)^2 \mathrm{d}\boldsymbol{x}\mathrm{d}\tau + \frac{1}{2}\int_0^t \int_\Omega f_1^2(p,w,r)\,\mathrm{d}\boldsymbol{x}\mathrm{d}\tau$$

$$(6.14)$$

根据式(6.12)—式(6.14),有

$$\int_0^t \left\| \frac{\partial p(\tau)}{\partial \tau} \right\|_{L^2(\Omega)}^2 \mathrm{d}\tau + \int_\Omega |\nabla p|^2 \mathrm{d}\boldsymbol{x} \leqslant \int_\Omega |\nabla p_0|^2 \mathrm{d}\boldsymbol{x} +$$

$$\int_0^t \int_\Omega f_1^2(p(\tau),w(\tau),r(\tau))\,\mathrm{d}\boldsymbol{x}\mathrm{d}\tau \qquad (6.15)$$

同理,有

$$\int_\Omega |\nabla p(t)|^2 \mathrm{d}\boldsymbol{x} + \int_0^t \|\Delta p(\tau)\|_{L^2(\Omega)}^2 \mathrm{d}\tau \leqslant \int_\Omega |\nabla p_0|^2 \mathrm{d}\boldsymbol{x} +$$

$$\int_0^t \int_\Omega f_1^2(p(\tau),w(\tau),r(\tau))\,\mathrm{d}\boldsymbol{x}\mathrm{d}\tau \qquad (6.16)$$

根据不等式(6.15)和不等式(6.16),可证得式(6.10)成立。同理,可得式(6.11)成立。证毕。

下面证明状态方程(6.5)解的方向导数的存在性。

引理 6.1 设 $\psi^0 := (p_0,w_0) \in Y(\boldsymbol{\Theta})$, $r \mapsto (p_r,w_r)$ 是从到 $L^2(0,T;H^1(\Omega)^2)$ 的映射,且定义为状态方程(6.5)的解,则在各个方向 $\widehat{r} \in \mathrm{Tan}\Lambda_{ad}$ 都有 Gâteaux 导数 $\left(\dfrac{\mathrm{d}p}{\mathrm{d}r},\dfrac{\mathrm{d}w}{\mathrm{d}r}\right) \cdot \widehat{r}$。此外,$(\widehat{p},\widehat{w}) = \left(\dfrac{\mathrm{d}p}{\mathrm{d}r},\dfrac{\mathrm{d}w}{\mathrm{d}r}\right) \cdot \widehat{r}$ 是如下方程的解

$$\begin{cases} \dfrac{\partial \widehat{p}}{\partial t} = \Delta \widehat{p} + f_{1p}(p,w,r)\,\widehat{p} + f_{1w}(p,w,r)\,\widehat{w} \\[2mm] \dfrac{\partial \widehat{w}}{\partial t} = \delta\Delta \widehat{w} - \beta\delta\Delta \widehat{p} + f_{2p}(p,w,r)\,\widehat{p} + f_{2w}(p,w,r)\,\widehat{w} \\[2mm] \dfrac{\partial \widehat{p}}{\partial \boldsymbol{n}} = 0,\ \dfrac{\partial \widehat{w}}{\partial \boldsymbol{n}} = 0 \\[2mm] \widehat{p}(\boldsymbol{x},0) = 0,\ \widehat{w}(\boldsymbol{x},0) = 0 \end{cases} \qquad (6.17)$$

该引理的详细证明过程可参考文献[166]、[167]、[192],此处省略。引理

6.1 保证了状态方程的解的方向导数的存在性。下面给出稀疏最优控制问题的一阶必要最优性条件。

定理 6.3 设 $r \in \Lambda_{ad}, \psi^0 := (p_0, w_0) \in Y(\Theta)$。如果 (p^*, w^*, r^*) 是式(6.4) 的最优解,则存在一函数 μ^* 使得如下不等式成立:

$$\int_0^T \int_\Omega (c_3 r^* + p^* f + b\mu^*)(r - r^*) \mathrm{d}\boldsymbol{x} \mathrm{d}t \geq 0 \quad \forall r \in \Lambda_{ad} \qquad (6.18)$$

这里 (f, g) 是如下伴随方程的解

$$\begin{cases} -\dfrac{\partial f}{\partial t} = \Delta f - \delta\beta\Delta g + 2w^* p^*(f - g) + (r^* - m)f \triangleq \\ \qquad \Delta f - \delta\beta\Delta g + g_1(p^*, w^*, r^*, f, g) & (\boldsymbol{x}, t) \in Q_T \\ -\dfrac{\partial g}{\partial t} = \delta\Delta g - g + p^{*2}(f - g)n \triangleq \delta\Delta g + g_2(p^*, w^*, r^*, f, g) & (\boldsymbol{x}, t) \in Q_T \\ \dfrac{\partial f}{\partial \boldsymbol{n}} = 0, \dfrac{\partial g}{\partial \boldsymbol{n}} = 0 & (\boldsymbol{x}, t) \in \Sigma_T \\ f(\boldsymbol{x}, T) = c_1(p^*(\boldsymbol{x}, T) - p_{tar}(\boldsymbol{x})) & \boldsymbol{x} \in \Omega \\ g(\boldsymbol{x}, T) = c_2(w^*(\boldsymbol{x}, T) - w_{tar}(\boldsymbol{x})) & \boldsymbol{x} \in \Omega \end{cases}$$

$$(6.19)$$

证明 将式(6.17)的第一个方程乘以 $f(\boldsymbol{x}, t)$,并在 $Q_T(\boldsymbol{x}, t)$ 上进行积分,将该方程中含有 $\dfrac{\partial \widehat{p}}{\partial t}$ 和 $\Delta \widehat{p}$ 的项进行分部积分得到

$$\int_\Omega f(\boldsymbol{x}, T)\widehat{p}(\boldsymbol{x}, T)\mathrm{d}\boldsymbol{x} - \int_0^T \int_\Omega \frac{\partial f}{\partial t}\widehat{p}\,\mathrm{d}\boldsymbol{x}\mathrm{d}t = \int_0^T \int_\Omega \Delta f\widehat{p}\,\mathrm{d}\boldsymbol{x}\mathrm{d}t + \int_0^T \int_\Omega fp^*\widehat{r}\,\mathrm{d}\boldsymbol{x}\mathrm{d}t +$$

$$\int_0^T \int_\Omega f_{1p}(p^*, w^*, r^*)f\widehat{p}\,\mathrm{d}\boldsymbol{x}\mathrm{d}t + \int_0^T \int_\Omega f_{1w}(p^*, w^*, r^*)f\widehat{w}\,\mathrm{d}\boldsymbol{x}\mathrm{d}t$$

$$(6.20)$$

将式(6.17)的第二个方程乘以 $g(\boldsymbol{x}, t)$,并在 $Q_T(\boldsymbol{x}, t)$ 上进行积分,将该方程中含有 $\dfrac{\partial \widehat{w}}{\partial t}$ 和 $\Delta \widehat{w}$ 的项进行分部积分得到

$$\int_\Omega g(\boldsymbol{x},T)\,\widehat{w}(\boldsymbol{x},T)\,\mathrm{d}\boldsymbol{x} - \int_0^T\!\int_\Omega \frac{\partial g}{\partial t}\widehat{w}\,\mathrm{d}\boldsymbol{x}\mathrm{d}t = \int_0^T\!\int_\Omega \delta\Delta g\widehat{w}\,\mathrm{d}\boldsymbol{x}\mathrm{d}t - \int_0^T\!\int_\Omega \delta\beta\Delta g\widehat{p}\,\mathrm{d}\boldsymbol{x}\mathrm{d}t +$$

$$\int_0^T\!\int_\Omega f_{2p}(p^*,w^*,r^*)g\widehat{p}\,\mathrm{d}\boldsymbol{x}\mathrm{d}t + \int_0^T\!\int_\Omega f_{2w}(p^*,w^*,r^*)g\widehat{w}\,\mathrm{d}\boldsymbol{x}\mathrm{d}t$$

$$(6.21)$$

下面计算 $J_1(r^*)+J_2(r^*)$ 沿着 $\widehat{r}\in\mathrm{Tan}\Lambda_{ad}(r^*)$ 方向上的 $\widehat{r}\in\mathrm{Tan}\Lambda_{ad}(r^*)$ Gâteaux 导数

$$\frac{\mathrm{d}(J_1(r^*)+J_2(r^*))}{\mathrm{d}r}\cdot\widehat{r} = c_1\int_\Omega [p^*(\boldsymbol{x},T)-p_{tar}(\boldsymbol{x})]\widehat{p}(\boldsymbol{x},t)\,\mathrm{d}\boldsymbol{x} +$$

$$c_2\int_\Omega [w^*(\boldsymbol{x},T)-w_{tar}(\boldsymbol{x})]\widehat{w}(\boldsymbol{x},t)\,\mathrm{d}\boldsymbol{x} + c_3\int_0^T\!\int_\Omega r^*\widehat{r}(\boldsymbol{x},t)\,\mathrm{d}\boldsymbol{x}\mathrm{d}t$$

$$(6.22)$$

将式(6.20)与式(6.21)相加,并结合伴随方程(6.19),可将式(6.22)化简为如下形式:

$$\frac{\mathrm{d}(J_1(r^*)+J_2(r^*))}{\mathrm{d}r}\cdot\widehat{r} = \int_0^T\!\int_\Omega (c_3 r^* + p^* f)\widehat{r}\,\mathrm{d}\boldsymbol{x}\mathrm{d}t \qquad (6.23)$$

根据文献[193]可知,存在一个分段函数 $u^*\in\partial J_3(r^*)$ 满足如下形式时

$$\begin{cases} u(\boldsymbol{x},t)=-1 & r^*(\boldsymbol{x},t)>0 \\ u(\boldsymbol{x},t)\in[-1,1] & r^*(\boldsymbol{x},t)=0 \\ u(\boldsymbol{x},t)=1 & r^*(\boldsymbol{x},t)<0 \end{cases} \qquad (6.24)$$

有如下变分不等式成立

$$\frac{\mathrm{d}(J_1(r^*)+J_2(r^*))}{\mathrm{d}r}\cdot(r-r^*) + \int_0^T\!\int_\Omega bu^*(r-r^*)\,\mathrm{d}\boldsymbol{x}\mathrm{d}t \geqslant 0 \quad \forall r\in\Lambda_{ad}$$

$$(6.25)$$

其中, $\partial J_3(r^*)$ 表示 J_3 在 r^* 处的次微分,即

$$\partial J_3(r^*) = \{u\in L^\infty(Q_T)\mid J_3(r)\geqslant J_3(r^*) + \int_0^T\!\int_\Omega u(r-r^*)\,\mathrm{d}\boldsymbol{x}\mathrm{d}t \quad \forall r\in L^\infty(Q_T)\}$$

将式(6.23)中的 $\widehat{r}$ 替换为 $r-r^*$,并将该式代入不等式(6.25)中,即可得到不等

式(6.18)。证毕。

通过变分不等式(6.18)的结果,可以得到目标函数(6.4)的次梯度:

$$\nabla J(r^*)(\boldsymbol{x},t) = c_3 r^*(\boldsymbol{x},t) + f(\boldsymbol{x},t) p^*(\boldsymbol{x},t) + b u^*(\boldsymbol{x},t) \quad (6.26)$$

根据变分不等式(6.18),当 $c_3 > 0$ 时,可以得到如下投影公式:

$$r^*(\boldsymbol{x},t) = P_{[r_-,r_+]}\left\{\frac{1}{c_3}[f(\boldsymbol{x},t) p^*(\boldsymbol{x},t) + b u^*(\boldsymbol{x},t)]\right\} \quad (\boldsymbol{x},t) \in Q_T$$

$$(6.27)$$

其中,$P_{[r_-,r_+]}$ 表示从 $\mathbb{R}$ 到 $[r_-,r_+]$ 的投影,即 $P_{[r_-,r_+]}(r) = \max\{r_-, \min\{r, r_+\}\}$。

下面分析最优控制的稀疏性,给出如下定理。

定理 6.4　假设 $c_3 > 0, b > 0$,有下面的公式成立

$$r^*(\boldsymbol{x},t) = 0 \Leftrightarrow |f(\boldsymbol{x},t)| p^*(\boldsymbol{x},t) \leq b \quad \forall (\boldsymbol{x},t) \in Q_T \quad (6.28)$$

$$u^*(\boldsymbol{x},t) = P_{[-1,1]}\left\{\frac{f(\boldsymbol{x},t) p^*(\boldsymbol{x},t)}{b}\right\} \quad \forall (\boldsymbol{x},t) \in Q_T \quad (6.29)$$

证明　根据投影公式[式(6.27)]以及最优解 p^*,w^* 的正则性,有 $r^*(\boldsymbol{x},t) = 0 \Leftrightarrow f(\boldsymbol{x},t) p^*(\boldsymbol{x},t) + b u^*(\boldsymbol{x},t) = 0 \Leftrightarrow f(\boldsymbol{x},t) p^*(\boldsymbol{x},t) = -b u^*(\boldsymbol{x},t)$,由分段函数[式(6.24)]的性质,可得:$|f(\boldsymbol{x},t)| p^*(\boldsymbol{x},t) \leq b$。

因此,关于式(6.28)的必要性得以证明。下面证明充分性,这里分情况进行讨论。

①当 $r^*(\boldsymbol{x},t) > 0$ 时,可得投影公式[式(6.27)]满足 $f(\boldsymbol{x},t) p^*(\boldsymbol{x},t) + b u^*(\boldsymbol{x},t) > 0$,且有 $u^*(\boldsymbol{x},t) = -1$。因此,可以推断出 $f(\boldsymbol{x},t) > 0$ 且有 $f(\boldsymbol{x},t) p^*(\boldsymbol{x},t)/b > 1$。进一步可得:

$$u^*(\boldsymbol{x},t) = -1 = P_{[-1,1]}\left\{\frac{f(\boldsymbol{x},t) p^*(\boldsymbol{x},t)}{b}\right\}$$

②当 $r^*(\boldsymbol{x},t) < 0$ 时,则有 $f(\boldsymbol{x},t) p^*(\boldsymbol{x},t) + b u^*(\boldsymbol{x},t) < 0$,且有 $u^*(\boldsymbol{x},t) = 1$。因此,$f(\boldsymbol{x},t) < 0$ 且有 $f(\boldsymbol{x},t) p^*(\boldsymbol{x},t)/b < -1$。进一步可得:

$$u^*(\boldsymbol{x},t) = 1 = P_{[-1,1]}\left\{\frac{f(\boldsymbol{x},t) p^*(\boldsymbol{x},t)}{b}\right\}$$

③当 $r^*(\boldsymbol{x},t)=0$ 时,则有 $f(\boldsymbol{x},t)p^*(\boldsymbol{x},t)+bu^*(\boldsymbol{x},t)=0$,且有 $u^*(\boldsymbol{x},t)=[-1,1]$。因此,$f(\boldsymbol{x},t)p^*(\boldsymbol{x},t)/b=-u^*(\boldsymbol{x},t)$。进一步可得:

$$u^*(\boldsymbol{x},t)=P_{[-1,1]}\left\{\frac{f(\boldsymbol{x},t)p^*(\boldsymbol{x},t)}{b}\right\}\in[-1,1]$$

综合上面分析的 3 种情形,可得式(6.29)。证毕。

6.3 数值模拟

本节将根据 6.2 节得到的理论结果进行数值模拟。首先,利用有限差分法将状态方程、伴随方程等进行离散化;进而将该算法应用于最优控制问题,得到数值结果。

6.3.1 数值离散化

选取空间区域 $(\boldsymbol{x},y)\in\Omega=(0,L)^2$,时间区域为 $[0,T]$。对时间进行网格剖分:$t_n=n\Delta t,n=0,1,\cdots,N$,时间步长为 $\Delta t=T/N$。对网格点进行空间剖分:网格点 $(\boldsymbol{x}_i,y_j)=(ih,jh),i,j=0,1,\cdots,Z$,空间步长为 $h=L/Z$。使用五点有限差分法对状态方程[式(6.5)]和伴随方程[式(6.19)]进行空间离散化;采用向前差分方法进行时间离散化。系统的初值为 (p_0,w_0),n 的取值为 0 到 $N-1$,在 $(\boldsymbol{x}_i,y_j,t_n)$ 处状态方程的离散格式如下:

$$\frac{p_{i,j}^{n+1}-p_{i,j}^n}{\Delta t}=\frac{p_{i,j-1}^n+p_{i-1,j}^n-4p_{i+1,j}^n+p_{i+1,j}^n+p_{i,j+1}^n}{h^2}+f_1(p_{i,j}^n,w_{i,j}^n,r_{i,j}^n)$$

$$\frac{w_{i,j}^{n+1}-w_{i,j}^n}{\Delta t}=\delta\frac{w_{i,j-1}^n+w_{i-1,j}^n-4w_{i,j}^n+w_{i+1,j}^n+w_{i,j+1}^n}{h^2}-$$

$$\delta\beta\frac{p_{i,j-1}^n+p_{i-1,j}^n-4p_{i,j}^n+p_{i+1,j}^n+p_{i,j+1}^n}{h^2}+f_2(p_{i,j}^n,w_{i,j}^n,r_{i,j}^n)$$

其中,$p_{i,j}^0:=p_0(\boldsymbol{x}_i,y_j),w_{i,j}^0:=w_0(\boldsymbol{x}_i,y_j),i,j=0,1,\cdots,Z-1$。

对于伴随方程［式(6.19)］,采用半隐式格式,终端值 $f(\boldsymbol{x},T)$ 和 $g(\boldsymbol{x},T)$ 已知,n 的值从 $N-1$ 取到 0。$(\boldsymbol{x}_i,y_j,t_n)$ 点处伴随系统(6.19)的离散格式为

$$-\frac{f_{i,j}^{n+1}-f_{i,j}^{n}}{\Delta t}=\frac{f_{i,j-1}^{n}+f_{i-1,j}^{n}-4f_{i,j}^{n}+f_{i+1,j}^{n}+f_{i,j+1}^{n}}{h^2}+g_1(p_{i,j}^{n+1},w_{i,j}^{n+1},r_{i,j}^{n+1},f_{i,j}^{n+1},g_{i,j}^{n+1})-$$

$$\delta\beta\frac{g_{i,j-1}^{n}+g_{i-1,j}^{n}-4g_{i,j}^{n}+g_{i+1,j}^{n}+g_{i,j+1}^{n}}{h^2}$$

$$-\frac{g_{i,j}^{n+1}-g_{i,j}^{n}}{\Delta t}=\delta\frac{g_{i,j-1}^{n}+g_{i-1,j}^{n}-4g_{i,j}^{n}+g_{i+1,j}^{n}+g_{i,j+1}^{n}}{h^2}+g_2(p_{i,j}^{n+1},w_{i,j}^{n+1},r_{i,j}^{n+1},f_{i,j}^{n+1},g_{i,j}^{n+1})$$

接下来离散目标函数［式(6.4)］。对于时间和空间积分的近似,使用复合梯形公式。因此,以目标泛函［式(6.4)］中 J_3 为例,它的离散结果如下:

$$J_3(r)\approx\frac{bh^2\Delta t}{8}\sum_{n=0}^{N-1}\sum_{i,j=0}^{Z-1}(\,|\,r_{i,j}^{n}\,|+|\,r_{i+1,j}^{n}\,|+|\,r_{i,j+1}^{n}\,|+|\,r_{i+1,j+1}^{n}\,|+$$

$$|\,r_{i,j}^{n+1}\,|+|\,r_{i+1,j}^{n+1}\,|+|\,r_{i,j+1}^{n+1}\,|+|\,r_{i+1,j+1}^{n+1}\,|\,)$$

次梯度［式(6.26)］的离散格式为:

$$\nabla_h J_{i,j}^{n}=c_3 r_{i,j}^{n}+f_{i,j}^{n}p_{i,j}^{n}+bu_{i,j}^{n}$$

应用投影梯度下降法来得到目标函数［式(6.4)］的最优解。当受控斑图 $p^*(\boldsymbol{x},T)$ 与目标斑图 $p_{tar}(\boldsymbol{x})$ 之间的相对误差小于设定值时,算法停止,该相对误差定义为:

$$\text{Error}=\frac{\|P^*-P_{\text{tar}}\|}{\|P_{\text{tar}}\|}$$

6.3.2　数值结果

本小节将对稀疏最优控制问题进行数值求解。选取的时间终端值为 $T=2$,空间步长 $\Delta h=0.5$,时间步长 $\Delta t=0.001$。选取低降雨值 $a=5.0$ 作为初始斑图,高降雨值 $a=5.4,5,6,5,8$ 作为目标斑图,其他参数固定:$m=1.3,\delta=50,\beta=0.203$。另外,选取 $c_1=1,c_2=100,c_3=10^{-15}$。为了验证参数 b 对最优控制解 $r^*(\boldsymbol{x},t)$ 稀疏性的影响,这里选取了不同的值:$b\in(0,0.03,1,10)$。

图 6.3 给出了当 $b=0$ 时,在 $t=0,1,2$ 这 3 个时刻下的最优控制解 $r^*(\boldsymbol{x},t)$
和对应的状态变量 $p^*(\boldsymbol{x},t)$。从图 6.3(a)—(c)可以看出,选取低降雨量 $a=5$
作为初始斑图,此时斑图呈现点状结构,通过最优控制手段,斑图结构可分别转
化为混合状 $a=5.4$,带状 $a=5.6$ 和均匀态 $a=5.8$。与图 6.1 相比,图 6.3(a)—
(c)中的受控斑图与图 6.1(b)—(d)中的目标斑图一致,可以看出图 6.3 的控
制效果非常有效。但是,$r^*(\boldsymbol{x},T)$[图 6.3(d)—(f)]的取值并不令人满意,因为
在 $(\boldsymbol{x},T)$ 点处 $r^*(\boldsymbol{x},T)=0$ 的比例很小,这就意味着需要投入更多的成本来达到
防治生态系统荒漠化的目的。

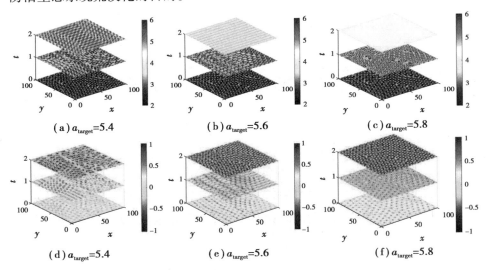

(a) $a_{target}=5.4$　　(b) $a_{target}=5.6$　　(c) $a_{target}=5.8$

(d) $a_{target}=5.4$　　(e) $a_{target}=5.6$　　(f) $a_{target}=5.8$

图 6.3　当 $b=0$ 时,受控解 p^*(第一行)和最优控制 r^*(第二行)

接下来,分别取 $b=0.03$(图 6.4)和 $b=10$(图 6.5),以此降低 r^* 的值。结
合图 6.3,可以看出,随着 b 的增大,$|r^*(\boldsymbol{x};T)|$ 的值在减小,如图 6.4(d)—(f)
所示,这意味着投入的成本在降低。随着 b 的进一步增加,$r^*(\boldsymbol{x};T)=0$ 的比例
也增大,如图 6.5(d)—(f)所示。此外,随着 b 的不断增大,受控斑图与目标斑
图的差距也随之增大,控制效果不如图 6.3(a)—(c),但受控斑图仍然保持了
图 6.1(b)—(d)中的目标斑图的关键特征,这保证了最优控制的有效性。图 6.6
给出了在不同的 c 值下,受控斑图的 HDGC 值随降雨值 a 和时间 t 的二维等高

线图。状态变量的初始斑图是点状斑图,具有较低的 HDGC 值,通过稀疏最优控制手段,明显提高了 HDGC[图 6.6(b)和 6-6(c)],得到了与图 6.6(a)中使用非稀疏最优控制($c=0$)类似的效果。

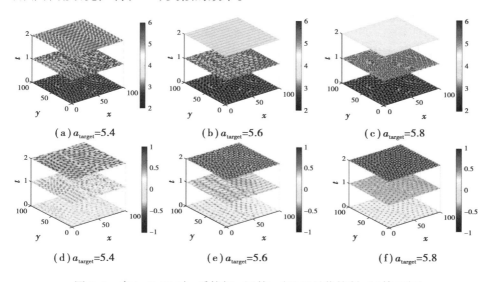

（a）a_{target}=5.4　　　　（b）a_{target}=5.6　　　　（c）a_{target}=5.8

（d）a_{target}=5.4　　　　（e）a_{target}=5.6　　　　（f）a_{target}=5.8

图 6.4　当 $b=0.03$ 时,受控解 p^*（第一行）和最优控制 r^*（第二行）

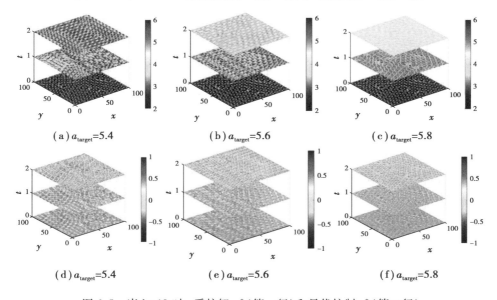

（a）a_{target}=5.4　　　　（b）a_{target}=5.6　　　　（c）a_{target}=5.8

（d）a_{target}=5.4　　　　（e）a_{target}=5.6　　　　（f）a_{target}=5.8

图 6.5　当 $b=10$ 时,受控解 p^*（第一行）和最优控制 r^*（第二行）

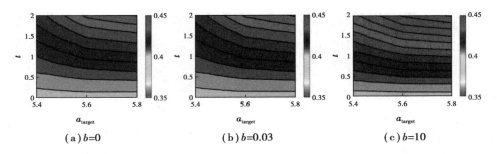

图 6.6　不同权重 b 下受控解 p^* 的 HDGC 随 t 和 a_{target} 变化的等高线图

　　上面定性地分析了在不同的目标斑图和权重 b 值下的控制效果。接下来，将利用一些定量指标来评估控制策略。首先给出空间 0 值比，它定义为在某一给定时刻 $t_n, n = 0, 1, \cdots, N-1$，满足 $r_{i,j}^* = 0$ 的节点数与该时刻空间总节点数之比：

$$V_{r^*(t)=0} = \frac{1}{(M+1)^2} \mid \{ (\boldsymbol{x}_i, y_j) \mid (r^*)_{i,j}^n = 0, i, j = 0, 1, \cdots, Z \} \mid$$

r_{average}^* 表示 $\mid r^*(\boldsymbol{x}, t) \mid$ 的时空积分平均值，定义为：

$$r_{\text{average}}^* = \frac{1}{T \mid \Omega \mid} \int_0^T \int_\Omega r^*(\boldsymbol{x}, t) \, \mathrm{d}\boldsymbol{x} \mathrm{d}t$$

　　图 6.7(a) 给出了不同目标斑图在不同稀疏性条件下相对误差 relError，从该图可以直观地看出受控斑图和目标斑图之间的偏差。即使当权重 $b = 10$ 时，相对误差 relError 的值保持在 0.06 之内，因此控制效果是很好的。图 6.7(b) 展示了在终端时刻的空间 0 值比 $V_r^*(T)$。显然，权重 b 越大，r^* 的稀疏性越好。另外，当 $b > 0$ 固定时，0 值比随着 a_{target} 的增加而降低，这意味着目标斑图的 HDGC 值越大，r^* 的稀疏性越低，需要投入的人工成本就越高。图 6.7(c) 展示了权重 b 对时空平均值 r_{average}^* 的影响。权重 b 越大，r_{average}^* 越小。

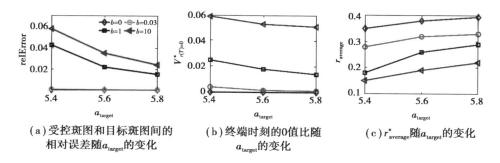

图 6.7　不同指标随 a_{target} 的变化

6.4　本章小结

本章分析了一类带有交叉扩散的植被-水反应扩散模型,得到了图灵斑图产生的条件,并通过模拟展示了 4 种不同类型的植被斑图,给出了一个可以刻画斑图结构与植被生态系统稳健性之间关系的定量指标 HDGC。模拟结果显示,点状结构对应的 HDGC 值较低,而带状和均匀态结构对应的 HDGC 值较高,因此 HDGC 值越高,生态系统越稳健。为了提高生态系统的稳健性,将人类活动(如人工种植等)作为控制函数通过最优控制手段形成给定的目标斑图结构,给出了模型的稀疏最优控制问题的目标函数,并通过数学分析首先对状态方程的解进行了先验估计,进而得到了伴随方程、变分不等式和一阶必要最优性条件;接着运用数值分析得到了数值最优解,以及不同稀疏条件下的受控斑图和目标斑图间的相对误差、0 值比和控制函数的积分时空平均值,从控制效果、控制精度和控制成本 3 个方面验证了该方法的有效性。

在干旱半干旱地区,由于其植被生物量稀少,因此需要通过植树造林的手段来防止该地区荒漠化的发生。但是,过度的植树造林并不利于生态系统的稳定。所以,如何合理利用资源来提高生态系统的稳健性是主要思考的问题。因为带状、间隙状等斑图结构对应的生态系统较为稳定,所以需要结合当地的实际情形(如气候条件),选择合适的目标斑图结构。具体来讲,对于半干旱地区,可将间隙状的结构作为目标斑图;对于干旱地区,该地区较半干旱地区降雨资源紧缺,可将带状结构作为目标斑图。此外,对于如何选取权重 b 可由当地的资金预算来决定,资金充足,选取较小的 b 值;反之,选取较大的 b 值。

目前,全球植被生态系统面临着很大的挑战,防止荒漠化的发生是当今人类的共同目标。但是如何很好地利用有限的资源来控制植被荒漠化的发生是需要思考的一个问题。为此,本章给出了基于稀疏最优控制的方法,可以有效地解决这一问题。稀疏性越好,意味着该地区生态系统需施加控制的区域越少。因此,本章为荒漠化防治提供了相关的理论基础。

第7章 总结与展望

全球荒漠化现象日趋严重,尤其是干旱半干旱地区,植被系统受到严峻的挑战,研究和预测植被的分布特征愈显重要。根据植被内在生长机制和植被吸收水分的特征,以及植食动物和气候变化对植被的影响,本书耦合了植被根部吸收水分的非局部相互作用、气候因素以及植食动物的记忆效应,建立了不同的植被反应扩散模型,找到了产生植被斑图的条件,模拟了植被的演化过程并预测了未来植被的发展趋势,为生态系统保护提供了理论指导。本书的主要内容和创新点如下:

①根据干旱半干旱地区植被生长的内在机制,将植被间的非局部相互作用机制耦合在模型中,揭示了非局部相互作用机制对植被斑图结构的影响。结果表明,随着植被间的非局部相互作用强度的增加,植被斑图将向荒漠化转变。

②针对植被吸收水分的特征,分别构建了一类具有强核和弱核的非局部时滞的植被-水模型。运用多尺度理论分析方法,得到了系统参数与斑图结构的对应关系。数值结果获得了丰富的斑图结构,同时揭示了非局部相互作用强度对植被斑图结构的影响。

③研究了一类具有记忆效应的植食动物-植被模型的稳态分支问题。通过非线性理论分析得到了空间非齐次稳态解产生的条件。利用 Crandall-Rabinowitz 定理以及隐函数定理,理论上给出了非常数稳态解的解析结构。

④应用植被-气候动力学模型研究了包头地区和青海湖地区的植被空间分布,比较了在不同气候情景下未来植被生长趋势,最优控制策略可以为荒漠化

防治提供理论指导。结果表明,植被斑图是温度、降雨和 CO_2 浓度的协同作用的结果。

⑤研究了一类具有交叉扩散的植被-水反应扩散模型的稀疏最优控制问题,从控制相关的植被斑图形成的角度揭示了如何通过人类活动提高生态系统的稳健性。理论上推导了一阶必要最优性条件,并从数值上验证了该控制方法的合理性和有效性。

总体来讲,本书主要研究了植被斑图的形成机制,并从对植被保护的现实角度出发,考虑了植食动物和气候变化对植被空间分布的影响,并利用最优控制理论给出了防治植被生态系统荒漠化的策略,具有一定的现实意义。根据以上研究工作,给出以下几个值得进一步研究的问题:

①本书以包头地区和青海湖地区为例研究了气候变化对植被空间分布的影响,研究的空间尺度较小。如果考虑在全国甚至全球尺度下,气候变化是如何影响植被的生长是下一步需要思考的一个问题。

②本书考虑的气候因素的数值均取自平均值,事实上,这些气候因素的数值都是依赖于时间的。将温度、降雨、湿度等因素值换成关于时间的函数代入模型中更具实际意义。当然,模型会变成非自洽系统,对此类系统的理论研究是一个新的挑战。

③为了更准确地预测干旱半干旱地区植被未来生长趋势,在构建植被-气候因素动力学模型的基础上,下一步将基于数据驱动方法,利用 WRF 预报、中国区域地面气象要素驱动数据集(CMFD)和 CMIP6 等数据,探讨适用于研究区模式的最优参数方案。

参考文献

[1] CUI J, PIAO S, HUNTINGFORD C, et al. Vegetation forcing modulates global land monsoon and water resources in a CO_2-enriched climate[J]. Nature Communications, 2020, 11(1):1-11.

[2] JEONG S J, HO C H, BROWN M E, et al. Browning in desert boundaries in Asia in recent decades[J]. Journal of Geophysical Research: Atmospheres, 2011, 116(D2).

[3] JAMALI S, SEAQUIST J, EKLUNDH L, et al. Automated mapping of vegetation trends with polynomials using NDVI imagery over the Sahel[J]. Remote Sensing of Environment, 2014, 141:79-89.

[4] 杨雪梅. 气候变暖背景下河西地区荒漠植被变化研究(1982—2013)[D]. 兰州:兰州大学, 2015.

[5] 穆少杰, 李建龙, 陈奕兆, 等. 2001—2010年内蒙古植被覆盖度时空变化特征[J]. 地理学报, 2012, 67(9):1225-1268.

[6] TARNITA C E, BONACHELA J A, SHEFFER E, et al. A theoretical foundation for multi-scale regular vegetation patterns[J]. Nature, 2017, 541(7637):398-401.

[7] CARTER P, DOELMAN A. Traveling stripes in the Klausmeier model of vegetation pattern formation[J]. SIAM Journal on Applied Mathematics, 2018, 78(6):3213-3237.

[8] GREIG-SMITH P. Pattern in vegetation[J]. Journal of Ecology, 1979, 67(3):

755-779.

[9] CLERC M G,ECHEVERRÍA-ALAR S,TLIDI M. Localised labyrinthine patterns in ecosystems[J]. Scientific reports,2021,11(1):18331.

[10] RIETKERK M,BOERLIJST M C,VAN LANGEVELDE F,et al. Self-organization of vegetation in arid ecosystems[J]. The American Naturalist,2002,160 (4):524-530.

[11] COUTERON P,LEJEUNE O. Periodic spotted patterns in semi-arid vegetation explained by a propagation-inhibition model[J]. Journal of Ecology,2001,89 (4):616-628.

[12] SHNERB N M,SARAH P,LAVEE H,et al. Reactive glass and vegetation patterns[J]. Physical Review Letters,2003,90(3):038101.

[13] LEJEUNE O,TLIDI M,LEFEVER R. Vegetation spots and stripes:dissipative structures in arid landscapes[J]. International Journal of Quantum Chemistry, 2004,98(2):261-271.

[14] SHERRATT J A. An analysis of vegetation stripe formation in semi-arid landscapes[J]. Journal of Mathematical Biology,2005,51(2):183-197.

[15] SHERRATT J A. Pattern solutions of the Klausmeier model for banded vegetation in semi-arid environments I[J]. Nonlinearity,2010,23(10):2657.

[16] SUN G Q,LI L,ZHANG Z K. Spatial dynamics of a vegetation model in an arid flat environment[J]. Nonlinear Dynamics,2013,73(4):2207-2219.

[17] GOWDA K,RIECKE H,SILBER M. Transitions between patterned states in vegetation models for semiarid ecosystems[J]. Physical Review E,2014, 89(2):022701.

[18] 张红桃,孙桂全. 植被系统的时空动力学研究进展[J]. 数学理论与应用, 2023,43(2):1-15.

[19] WU Z,HUANG N,WALLACE J,et al. On the time-varying trend in globalmean

surface temperature[J]. Climate Dynamics,2011,37(3):759-773.

[20] LI Z, GAO J, WEN L, et al. Dynamics of soil respiration in alpine wetland meadows exposed to different levels of degradation in the Qinghai-Tibet Plateau,China[J]. Scientific Reports ,2019,9(1):7469.

[21] 沈永平,王国亚. IPCC 第一工作组第五次评估报告对全球气候变化认知的最新科学要点[J]. 冰川冻土,2013,35(5):1068-1076.

[22] ZHAO T, CHEN L, MA Z. Simulation of historical and projected climate change in arid and semiarid areas by CMIP5 models[J]. Chinese Science Bulletin,2014,59(4):412-429.

[23] HOUGHTON J T,DING Y,GRIGGS D J,et al. Climate Change 2001:The Scientific Basis[M]. Cambridge:Cambridge University Press,2001.

[24] ROTENBERG E,YAKIR D. Contribution of semi-arid forests to the climate system[J]. Science,2010,327(5964):451-454.

[25] NI W J,SHI J P,WANG M X. Global stability and pattern formation in a nonlocal diffusive Lotka-Volterra competition model [J]. Journal of Differential Equations,2018,264:6891-6932.

[26] HAMEL F,RYZHIK L. On the nonlocal Fisher-KPP equation:steady states, spreading speed and global bounds [J]. Nonlinearity, 2014, 27 (11): 2735-2753.

[27] SUN G Q,WANG C H,CHANG L L,et al. Effects of feedback regulation on vegetation patterns in semi-arid environments[J]. Applied Mathematical Modelling,2018,61:200-215.

[28] SIEBERT J,SCHÖLL E. Front and Turing patterns induced by Mexican-hat-like nonlocal feedback[J]. Europhysics Letters,2015,109(4):40014.

[29] KLAUSMEIER C A. Regular and irregular patterns in semiarid vegetation[J]. Science,1999,284 (5421):1826-1828.

[30] SHERRATT J A. Using wavelength and slope to infer the historical origin of semiarid vegetation bands[J]. Proceedings of the National Academy of Sciences,USA,2015,112(14):4202-4207.

[31] CONSOLO G,VALENTI G. Secondaryseed dispersal in the Klausmeier model of vegetation for sloped semi-arid environments[J]. Ecological Modelling, 2019,402:66-75.

[32] DEBLAUWE V,COUTERON P,BOGAERT J,et al. Determinants and dynamics of banded vegetation pattern migration in arid climates[J]. Ecological Monographs,2012,82(1):3-21.

[33] RIETKERK M,KETNER P,BURGER J,et al. Multiscale soil and vegetation patchiness along a gradient of herbivore impact in a semi-arid grazing system in West Africa[J]. Plant Ecology,2000,148(2):207-224.

[34] HILLERISLAMBERS R,RIETKERK M,VAN DEN BOSCH F,et al. Vegetation pattern formation in semi-arid grazing systems[J]. Ecology,2001,82(1): 50-61.

[35] VON HARDENBERG J,MERON E,SHACHAK M,et al. Diversity of vegetation patterns and desertification[J]. Physical Review Letters,2001,87(19):198101.

[36] MERON E. Modeling dryland landscapes[J]. Mathematical Modelling of Natural Phenomena,2010,6(1):163-187.

[37] MARTÍNEZ-GARCÍA R,CALABRESE J M,HERNÁNDEZ-GARCÍA E,et al. Minimal mechanisms for vegetation patterns in semiarid regions[J]. Philosophical Transactions of the Royal Society A:Mathematical,Physical and Engineering Sciences,2014,372(2027):20140068.

[38] BENNETT J J R,SHERRATT J A. Long-distance seed dispersal affects the resilience of banded vegetation patterns in semi-deserts[J]. Journal of Theoretical Biology,2019,481:151-161.

［39］ FUENTES M A,KUPERMAN M N,KENKRE V M. Nonlocal interaction effects on pattern formation in population dynamics［J］. Physical Review Letters, 2003,91(15):158104.

［40］ MOGILNER A,EDELSTEIN-KESHET L. A non-local model for a swarm［J］. Journal of Mathematical Biology,1999,38(6):534-570.

［41］ GUO S J. Stability and bifurcation in a reaction-diffusion model with nonlocal delay effect［J］. Journal of Differential Equations,2015,259(4):1409-1448.

［42］ GUO S J,YAN S. Hopf bifurcation in a diffusive Lotka-Volterra type system with nonlocal delay effect［J］. Journal of Differential Equations,2016,260 (1):781-817.

［43］ WANG Z C,LI W T,RUAN S G. Entire solutions in bistable reaction-diffusion equations with nonlocal delayed nonlinearity［J］. Transactions of the American Mathematical Society,2009,361(4):2047-2084.

［44］ WANG M X,LV G Y. Entire solutions of a diffusive and competitive Lotka-Volterra type system with nonlocal delays［J］. Nonlinearity, 2010, 23 (7):1609.

［45］ LIN G,LI W T. Bistable wavefronts in a diffusive and competitive Lotka-Volterra type system with nonlocal delays［J］. Journal of Differential Equations, 2008,244(3):487-513.

［46］ CHEN S S,SHI J P. Stability and Hopf bifurcation in a diffusive logistic population model with nonlocal delay effect［J］. Journal of Differential Equations, 2012,253(12):3440-3470.

［47］ GUO S J,ZIMMER J. Stability of travelling wavefronts in discrete reaction-diffusion equations with nonlocal delay effects［J］. Nonlinearity,2015,28(2):463.

［48］ WANG Z C,LI W T,RUAN S G. Existence and stability of traveling wave fronts in reaction advection diffusion equations with nonlocal delay［J］. Journal of Differential Equations,2007,238(1):153-200.

[49] WANG Z C,LI W T,RUAN S G. Traveling fronts in monostable equations with nonlocal delayed effects[J]. Journal of Dynamics and Differential Equations, 2008,20(3):573-607.

[50] LV G Y,WANG M X. Traveling wave front and stability as planar wave of reaction diffusion equations with nonlocal delays[J]. Zeitschrift für Angewandte Mathematik und Physik,2013,64(4):1005-1023.

[51] LIN G,RUAN S G. Traveling wave solutions for delayed reaction-diffusion systems and applications to diffusive Lotka-Volterra competition models with distributed delays[J]. Journal of Dynamics and Differential Equations,2014,26 (3):583-605.

[52] LI W T,LIN G,MA C,et al. Traveling wave solutions of a nonlocal delayed SIR model without outbreak threshold[J]. Discrete & Continuous Dynamical Systems-B,2014,19(2):467.

[53] WANG J B,LI W T,YANG F Y. Traveling waves in a nonlocal dispersal SIR model with nonlocal delayed transmission[J]. Communications in Nonlinear Science and Numerical Simulation,2015,27(1-3):136-152.

[54] ZHANG L,LI W T,WU S L. Multi-type entire solutions in a nonlocal dispersal epidemicmodel[J]. Journal of Dynamics and Differential Equations, 2016, 28(1):189-224.

[55] TANG Q L,GE J,LIN Z G. An SEI-SI avian-human influenza model with diffusion and nonlocal delay[J]. Applied Mathematics and Computation,2014, 247:753-761.

[56] WANG Z C,WU J. Travelling waves of a diffusive Kermack-McKendrick epidemicmodel with non-local delayed transmission[J]. Proceedings of the Royal Society A: Mathematical, Physical and Engineering Sciences, 2010, 466

（2113）：237-261.

[57] LOU Y，ZHAO X Q. A reaction-diffusion malaria model with incubation period in the vector population[J]. Journal of Mathematical Biology，2011，62（4）：543-568.

[58] D'ODORICO P，LAIO F，RIDOLFI L. Patterns as indicators of productivity enhancement by facilitation and competition in dryland vegetation[J]. Journal of Geophysical Research：Biogeosciences，2006，111（G3）.

[59] ZAYTSEVA S，SHI J P，SHAW L B. Model of pattern formation in marsh ecosystems with nonlocal interactions[J]. Journal of Mathematical Biology，2020，80（3）：655-686.

[60] VAN DER HEIDE T，EKLÖF J S，van Nes E H，et al. Ecosystem engineering by seagrasses interacts with grazing to shape an intertidal landscape[J]. PLoS One，2012，e42060.

[61] DIBNER R R，DOAK D F，LOMBARDI E M. An ecological engineer maintains consistent spatial patterning，with implications for community-wide effects[J]. Ecosphere，2015，6（9）：1-17.

[62] DE JAGER M，WEISSING F J，van de Koppel J. Why mussels stick together：spatial self-organization affects the evolution of cooperation[J]. Evolutionary Ecology，2017，31（4）：547-558.

[63] PRINGLE R M，TARNITA C E. Spatial self-organization of ecosystems：integrating multiple mechanisms of regular-pattern formation[J]. Annual Review of Entomology，2017，62：359-377.

[64] BORGOGNO F，D'ODORICO P，LAIO F，et al. Mathematical models of vegetation pattern formation in ecohydrology[J]. Reviews of Geophysics，2009，47（1）：RG1005-36.

[65] LIU Q X，DOELMAN A，ROTTSCHÄFER V，et al. Phase separation explains a

new class of self-organized spatial patterns in ecological systems[J]. Proceedings of the National Academy of Sciences,2013,USA,110(29):11905-11910.

[66] GROHMANN C,OLDELAND J,STOYAN D,et al. Multi-scale pattern analysis of a mound-building termite species[J]. Insectes Sociaux,2010,57(4):477-486.

[67] BONACHELA J A,PRINGLE R M,SHEFFER E,et al. Termite mounds can increase the robustness of dryland ecosystems to climatic change[J]. Science, 2015,347(6222):651-655.

[68] RIETKERK M,VAN DE KOPPEL J. Regular pattern formation in real ecosystems[J]. Trends in Ecology & Evolution,2008,23(3):169-175.

[69] SHERRATT J A,LORD G J. Nonlinear dynamics and pattern bifurcations in a model for vegetation stripes in semi-arid environments[J]. Theoretical Population Biology,2007,71(1):1-11.

[70] SHERRATT J A. Pattern solutions of the Klausmeier model for banded vegetation in semi-arid environments Ⅱ: patterns with the largest possible propagation speeds [J]. Proceedings of the Royal Society A, 2011, 467 (2135):3272-3294.

[71] SHERRATT J A. Pattern solutions of the Klausmeier model for banded vegetation insemi-arid environments Ⅲ: the transition between homoclinic solutions [J]. Physical D,2013,242 (1):30-41.

[72] SHERRATT J A. Pattern solutions of the Klausmeier model for banded vegetation in semiarid environments Ⅳ: slowly moving patterns and their stability [J]. SIAM Journal on Applied Mathematics,2013,73 (1):330-350.

[73] SHERRATT J A. Pattern solutions of the Klausmeier model for banded vegetation in semiarid environments Ⅴ: the transition from patterns to desert[J]. SIAM Journal on Applied Mathematics,2013,73(4):1347-1367.

[74] AGUIAR M R,SALA O E. Patch structure,dynamics and implications for the

functioning of arid ecosystems[J]. Trends in Ecology & Evolution, 1999, 14 (7):273-277.

[75] SCHEFFER M, BASCOMPTE J, BROCK W A, et al. Early-warning signals for critical transitions[J]. Nature, 2009, 461(7260):53-59.

[76] KÉFI S, RIETKERK M, ALADOS C L, et al. Spatial vegetation patterns and imminent desertification in Mediterranean arid ecosystems[J]. Nature, 2007, 449(7159):213-217.

[77] RIETKERK M, DEKKER S C, DE RUITER P C, et al. Self-organized patchiness and catastrophic shifts in ecosystems[J]. Science, 2004, 305 (5692):1926-1929.

[78] SCHEFFER M, CARPENTER S, FOLEY J A, et al. Catastrophic shifts in ecosystems[J]. Nature, 2001, 413(6856):591-596.

[79] PASCUAL M, GUICHARD F. Criticality and disturbance in spatial ecological systems[J]. Trends in Ecology & Evolution, 2005, 20(2):88-95.

[80] DAKOS V, BASCOMPTE J. Critical slowing down as early warning for the onset of collapse in mutualistic communities[J]. Proceedings of the National Academy of Sciences, USA, 2014, 111(49):17546-17551.

[81] DAI L, VORSELEN D, KOROLEV K S, et al. Generic indicators for loss of resilience before a tipping point leading to population collapse[J]. Science, 2012, 336(6085):1175-1177.

[82] HEIM S, SPRÖWITZ A. Beyond basins of attraction: Quantifying robustness of natural dynamics[J]. IEEE Transactions on Robotics, 2019, 35(4):939-952.

[83] DEMONGEOT J, MORVAN M, SENÉ S. Robustness of dynamical systems attraction basins against state perturbations: theoretical protocol and application in systems biology[C]. Barcelona, International Conference on Complex, Intelligent and Software Intensive Systems, 2008, 675-681.

［84］CHAPPELL A，C，VALENTIN A，WARREN P，et al. Testing the validity of upslope migration in banded vegetation from south-west Niger［J］. Catena，1999，37：217-229.

［85］KÉFI S，RIETKERK M，KATUL G G. Vegetation pattern shift as a result of rising atmospheric CO_2 in arid ecosystems［J］. Theoretical Population Biology，2008，74（4）：332-344.

［86］HUANG J，YU H，GUAN X，et al. Accelerated dryland expansion under climate change［J］. Nature Climate Change，2016，6（2）：166-171.

［87］OVERPECK J T，RIND D，GOLDBERG R. Climate-induced changes in forest disturbance and vegetation［J］. Nature，1990，343（6253）：51-53.

［88］PENG S，PIAO S，CIAIS P，et al. Asymmetric effects of daytime and night-time warming on Northern Hemisphere vegetation［J］. Nature，2013，501（7465）：88-92.

［89］BRANDT M，HIERNAUX P，RASMUSSEN K，et al. Changes in rainfall distribution promote woody foliage production in the Sahel［J］. Communications Biology，2019，2（1）：1-10.

［90］KUZNETSOV Y A. Elements of applied bifurcation theory［M］. Berlin：Springer Science & Business Media，2013.

［91］马知恩，周义仓，李承治. 常微分方程定性与稳定性方法［M］. 北京：科学出版社，2015.

［92］张锦炎. 常微分方程几何理论与分支问题［M］. 北京：北京大学出版社，1981.

［93］欧阳颀. 反应扩散系统中的斑图动力学［M］. 上海：上海科技教育出版社，2000.

［94］CRANDALL M G，RABINOWITZ P H. Bifurcation from simple eigenvalues［J］. Journal of Functional Analysis，1971，8（2），321-340.

［95］叶其孝,李正元,王明新,等.反应扩散方程引论［M］.北京:科学出版社,2011.

［96］葛振鹏,刘权兴.整体大于部分之和:生态自组织斑图及其涌现属性［J］.生物多样性,2020,28（11）:1431-1443.

［97］LEFEVER R,LEJEUNE. On the origin of tiger bush［J］. Bulletin of Mathematical Biology,1997,59(2):263-294.

［98］MURRAY J D. Mathematical Biology［M］. New York:Springer,1989.

［99］CROSS M C,HOHENBERG P C. Pattern formation outside of equilibrium［J］. Reviews of Modern Physics,1993,65(3):851- 1088

［100］LEJEUNE O,TLIDI M,COUTERON P. Localized vegetation patches:A self-organized response to resource scarcity［J］. Physical Review E,2002,66(010901):1-4.

［101］VAN DE KOPPEL J,CRAIN C M. Scale-dependent inhibition drives regular tussock spacing in a freshwater marsh［J］. American Naturalist,2006,168(5):E136-E147.

［102］VAN DE KOPPEL J,RIETKERK M,DANKERS N,et al. Scale-dependent feedback and regular spatial patterns in young mussel beds［J］. American Naturalist,2005,165(3):E66-E77.

［103］MARTÍNEZ-GARCÍA R,CALABRESE J M,HERNÁNDEZ-GARCÍA E,et al. Vegetation pattern formation in semiarid systems without facilitative mechanisms［J］. Geophysical Research Letters,2013,40(23):6143-6147.

［104］CHEN M,WU R,XU Y. Dynamics of a depletion-type Gierer-Meinhardt model with Langmuir-Hinshelwood reaction scheme［J］. Discrete and Continuous Dynamical Systems-B,2022,27(4):2275.

［105］SCHIMANSKY-GEIER L. Analysis and Control of Complex Nonlinear Processes in Physics,Chemistry and Biology［M］. Singapore World Scientific,2007.

［106］GETZIN S,YIZHAQ H,BELL B,et al. Discovery of fairy circles in Australia supports self-organization theory［J］. Proceedings of the National Academy of Sciences,2016,113(13):201522130

［107］BRITTON N F. Spatial structures and periodic travelling waves in an integro-differential reaction-diffusion population model［J］. SIAM Journal on Applied Mathematics,1990,50(6):1663-1688.

［108］GOURLEY S A,CHAPLAIN M A J,DAVIDSON F A. Spatio-temporal pattern formation in a nonlocal reaction-diffusion equation［J］. Dynamical Systems, 2001,16(2):173-192.

［109］ALFARO M,COVILLE J,RAOUL G. Travelling waves in a nonlocal reaction-diffusion equation as a model for a population structured by a space variable and a phenotypic trait［J］. Communications in Partial Differential Equations, 2013,38(12):2126-2154.

［110］SONG Y,WU S,WANG H. Spatiotemporal dynamics in the single population model with memory-based diffusion and nonlocal effect［J］. Journal of Differential Equations,2019,267(11):6316-6351.

［111］EIGENTLER L,SHERRATT J A. Analysis of a model for banded vegetation patterns in semi-arid environments with nonlocal dispersal［J］. Journal of Mathematical Biology,2018,77(3):739-763.

［112］MERCHANT S M,NAGATA W. Instabilities and spatiotemporal patterns behind predator invasions with nonlocal prey competition［J］. Theoretical Population Biology,2011,80(4):289-297.

［113］TADMON C,TSANOU B,FEUKOUO A F. Avian-human influenza epidemic model with diffusion, nonlocal delay and spatial homogeneous environment ［J］. Nonlinear Analysis:Real World Applications,2022,67:103615.

［114］GUO Z G,SUN G Q,WANG Z,et al. Spatial dynamics of an epidemic model with nonlocal infection [J]. Applied Mathematics and Computation, 2020, 377:125-158.

[115] GOURLEY S A, SO J W H. Dynamics of a food-limited population model incorporating nonlocal delays on a finite domain [J]. Journal of Mathematical Biology, 2002, 44(1):49-78.

[116] GOURLEY S A, RUAN S G. Spatio-temporal delays in a nutrient-plankton model on a finite domain: linear stability and bifurcations [J]. Applied Mathematics and Computation, 2003, 145(2-3):391-412.

[117] HAN B S, WANG Z C. Turing patterns of a Lotka-Volterra competitive system with nonlocal delay [J]. International Journal of Bifurcation and Chaos, 2018, 28(07):1830021.

[118] ZHOU A R, WANG W D, YAN L I, et al. Dynamics analysis of water-plant model with infiltration feedback [J]. Journal of Southwest China Normal University (Natural Science Edition), 2018, 43(5):6-10.

[119] WANG X, WANG W, ZHANG G. Vegetation pattern formation of a water-biomass model [J]. Communications in Nonlinear Science and Numerical Simulation, 2017, 42:571-584.

[120] LIU C, LI L, WANG Z, et al. Pattern transitions in a vegetation system with cross-diffusion [J]. Applied Mathematics and Computation, 2019, 342:255-262.

[121] 顾樵. 数学物理方法 [M]. 北京:科学出版社, 2012.

[122] YIN H M, CHEN X, WANG L. On a cross-diffusion system modeling vegetation spots and strips in a semi-arid or arid landscape [J]. Nonlinear Analysis: Theory Methods & Applications, 2017, 159:482-491.

[123] MAIMAITI Y, YANG W, WU J. Spatiotemporal dynamic analysis of an extended water-plant model with power exponent plant growth and nonlocal

plant loss[J]. Communications in Nonlinear Science and Numerical Simulation,2021,103:105985.

[124] MAIMAITI Y,YANG W,WU J. Turing instability and coexistence in an extended Klausmeier model with nonlocal grazing[J]. Nonlinear Analysis:Real World Applications,2022,64:103443.

[125] GIERER A,MEINHARDT H. A theory of biological pattern formation[J]. Kybernetik,1972,12:30-39.

[126] KEALY B J,WOLLKIND D J. A nonlinear stability analysis of vegetative Turing pattern formation for an interaction-diffusion plant-surface water model system in an arid flat environment[J]. Bulletin of Mathematical Biology, 2012,74(4):803-833.

[127] SHI J P,WANG C C,WANG H,et al. Diffusive spatial movement with memory[J]. Journal of Dynamics and Differential Equations,2020,32(2): 979-1002.

[128] KELLER E F,SEGEL L A. Initiation of slime mold aggregation viewed as an instability[J]. Journal of Theoretical Biology,1970,26(3):399-415.

[129] KAREIVA P,ODELL G. Swarms of predators exhibit "preytaxis" if individual predators use area-restricted search[J]. The American Naturalist,1987,130 (2):233-270.

[130] PAINTER K J,HILLEN T. Spatio-temporal chaos in a chemotaxis model[J]. Physica D:Nonlinear Phenomena,2011,240(4-5):363-375.

[131] PEARCE I G,CHAPLAIN M A J,SCHOFIELD P G,et al. Chemotaxis-induced spatio-temporal heterogeneity in multi-species host-parasitoid systems [J]. Journal of Mathematical Biology,2007,55(3):365-388.

[132] POTAPOV A B,HILLEN T. Metastability in chemotaxis models[J]. Journal of Dynamics and Differential Equations,2005,17(2):293-330.

［133］ AIDA M,OSAKI K,TSUJIKAWA T,et al. Chemotaxis and growth system with singular sensitivity function［J］. Nonlinear Analysis:Real World Applications, 2005,6(2):323-336.

［134］ MA M,OU C,WANG Z A. Stationary solutions of a volume-filling chemotaxis model with logistic growth and their stability［J］. SIAM Journal on Applied Mathematics,2012,72(3):740-766.

［135］ JIN H Y,WANG Z A. Global stability of prey-taxis systems［J］. Journal of Differential Equations,2017,262(3):1257-1290.

［136］ WANG X,SHI J,ZHANG G. Bifurcation and pattern formation in diffusive Klausmeier-Gray-Scott model of water-plant interaction ［J］. Journal of Mathematical Analysis and Applications,2021,497(1):124860.

［137］ LEE J M,HILLEN T,LEWIS M A. Continuous traveling waves for prey-taxis ［J］. Bulletin of Mathematical Biology,2008,70(3):654-676.

［138］ POTTS J R,LEWIS M A. Spatial memory and taxis-driven pattern formation in model ecosystems［J］. Bulletin of Mathematical Biology, 2019, 81 (7): 2725-2747.

［139］ POTTS J R,LEWIS M A. How memory of direct animal interactions can lead to territorial pattern formation［J］. Journal of the Royal Society Interface, 2016,13(118):20160059.

［140］ TANIA N,VANDERLEI B,HEATH J P,et al. Role of social interactions in dynamic patterns of resource patches and forager aggregation［J］. Proceedings of the National Academy of Sciences,USA,2012,109(28):11228-11233.

［141］ SCHLÄGEL U E,LEWIS M A. Detecting effects of spatial memory and dynamic information on animal movement decisions［J］. Methods in Ecology and Evolution,2014,5(11):1236-1246.

［142］ LAM K Y,LOU Y. Evolution of conditional dispersal:evolutionarily stable strategies in spatial models [J]. Journal of Mathematical Biology, 2014, 68 (4):851-877.

[143] FRYXELL J M, HOLT R D. Environmental change and the evolution of migration[J]. Ecology, 2013, 94(6):1274-1279.

[144] ABRAHMS B, HAZEN E L, AIKENS E O, et al. Memory and resource tracking drive blue whale migrations [J]. Proceedings of the National Academy of Sciences, USA, 2019, 116(12):5582-5587

[145] FAGAN W F, GURARIE E, BEWICK S, et al. Perceptual ranges, information gathering, and foraging success in dynamic landscapes[J]. The American Naturalist, 2017, 189(5):474-489.

[146] AINSEBA B E, BENDAHMANE M, NOUSSAIR A. A reaction-diffusion system modeling predator-prey with prey-taxis[J]. Nonlinear Analysis: Real World Applications, 2008, 9(5):2086-2105.

[147] L ZHANG, F ZHANG, S RUAN. Linear and weakly nonlinear stability analyses of Turing patterns for diffusive predator-prey systems in freshwater marsh landscapes [J]. Bulletin of Mathematical Biology, 2017, 79(3): 560-593.

[148] YAMADA Y. Stability of steady states for prey-predator diffusion equations with homogeneous Dirichlet conditions[J]. SIAM Journal on Mathematical Analysis, 1990, 21(2):327-345.

[149] GUO G H, LI B F, WEI M H, et al. Hopf bifurcation and steady-state bifurcation for an autocatalysis reaction-diffusion model[J]. Journal of Mathematical Analysis and Applications, 2012, 391(1):265-277.

[150] LI S B, WU J H, DONG Y Y. Turing patterns in a reaction-diffusion model with the Degn-Harrison reaction scheme [J]. Journal of Differential Equations, 2015, 259(5):1990-2029.

[151] LI S B,WU J H,NIE H. Steady-state bifurcation and Hopf bifurcation for a diffusive Leslie-Gower predator-prey model[J]. Computers & Mathematics with Applications,2015,70(12):3043-3056.

[152] LI S B,WU J H. Asymptotic behavior and stability of positive solutions to a spatially heterogeneous predator-prey system[J]. Journal of Differential Equations,2018,265(8):3754-3791.

[153] NOLAN C,OVERPECK J T, ALLEN J R M,et al. Past and future global transformation of terrestrial ecosystems under climate change[J]. Science, 2018,361(6405):920-923.

[154] HUANG J P,GUAN X D,JI F. Enhanced cold-season warming in semi-arid regions[J]. Atmospheric Chemistry and Physics,2012,12(12):5391-5398.

[155] DAI A. Drought under global warming:a review[J]. Wiley Interdisciplinary Reviews:Climate Change,2011,2(1):45-65.

[156] HANSEN J,RUEDY R,SATO M,et al. Global surface temperature change [J]. Reviews of Geophysics,2010:48(4).

[157] HOUGHTON J T, DING Y, GRIGGS D J, et al. Climate Change:The Scientific Basis 2001[M]. Cambridge:Cambridge University Press,2001.

[158] SOLOMON S,PLATTNER G K,KNUTTI R,et al. Irreversible climate change due to carbon dioxide emissions[J]. Proceedings of the National Academy of Sciences,USA,2009,106(6):1704-1709.

[159] LIU Y,PAROLARI A J,KUMAR M,et al. Increasing atmospheric humidity and CO_2 concentration alleviate forest mortality risk[J]. Proceedings of the National Academy of Sciences,USA,2017,114(37):9918-9923.

[160] ANDEREGG W R L,KANE J M,ANDEREGG L D L. Consequences of widespread tree mortality triggered by drought and temperature stress[J]. Nature Climate Change,2012,3(1):30-36.

［161］ ABEL C，HORION S，TAGESSON T，et al. The human-environment nexus and vegetation-rainfall sensitivity in tropical drylands［J］. Nature Sustainability，2020，4（1）：25-32.

［162］ CHEN Z，LIU J，LI L，et al. Effects of climate change on vegetation patterns in Hulun Buir Grassland［J］. Physica A：Statistical Mechanics and Its Applications，2022，597：127275.

［163］ CHANG B，HE K N，LI R J，et al. Linkage of climatic factors and human activities with water level fluctuations in Qinghai Lake in the northeastern Tibetan Plateau，China［J］. Water，2017，9（7）：552.

［164］ CHANG L L，GAO S P，Wang Z. Optimal control of pattern formations for an SIR reaction-diffusion epidemic model［J］. Journal of Theoretical Biology，2022，536：111003.

［165］ CHANG L L，GONG W，JIN Z，et al. Sparse optimal control of pattern formations for an SIR reaction-diffusion epidemic model［J］. SIAM Journal on Applied Mathematics，2022，82（5）：1764-1790.

［166］ GARVIE M R，TRENCHEA C. Optimal control of a nutrient-phytoplankton-nutrient-phytoplankton-zooplankton-fish system［J］. SIAM Journal on Control and Optimization，2007，46（3）：775-791.

［167］ APREUTESEI N C. An optimal control problem for a pest，predator，and plant system［J］. Nonlinear Analysis：Real World Applications，2012，13（3）：1391-1400.

［168］ BARBU V. Mathematical Methods in Optimization of Differential Systems［M］. Drdrecht：uwer Academic Publishers，1994.

［169］ ZHANG L X，CHEN X L，XIN X G. Short commentary on CMIP6 scenario model intercomparison project（ScenarioMIP）［J］. Advances in Climate Change Research，2019，15（5）：519.

[170] TAYLOR K E,STOUFFER R J,MEEHL G A. An overview of CMIP5 and the experiment design [J]. Bulletin of the American Meteorological Society, 2012,93(4):485-498.

[171] GAO J,OUYANG H,LEI G,et al. Effects of temperature,soil moisture,soil type and their interactions on soil carbon mineralization in Zoigê alpine wetland,Qinghai-Tibet Plateau [J]. Chinese Geographical Science, 2011, 21 (1):27-35.

[172] MU C,ZHANG T,ZHAO Q,et al. Permafrost affects carbon exchange and its response to experimental warming on the northern Qinghai-Tibetan Plateau [J]. Agricultural and Forest Meteorology,2017,247:252-259.

[173] PENG F,YOU Q G,XU M H,et al. Effects of experimental warming on soil respiration and its components in an alpine meadow in the permafrost region of the Qinghai-Tibet Plateau[J]. European Journal of Soil Science,2015,66 (1):145-154.

[174] XU Z X,GONG T L,LI J Y. Decadal trend of climate in the Tibetan Plateau-regional temperature and precipitation[J]. Hydrological Processes:An International Journal,2008,22(16):3056-3065.

[175] AO H,WU C,XIONG X,et al. Water and sediment quality in Qinghai Lake, China:a revisit after half a century[J]. Environmental monitoring and assessment,2014,186:2121-2133.

[176] TANG L,DUAN X,KONG F,et al. Influences of climate change on area variation of Qinghai Lake on Qinghai-Tibetan Plateau since 1980s[J]. Scientific Reports,2018,8(1):7331.

[177] FAN C,SONG C,LI W,et al. What drives the rapid water-level recovery of the largest lake (Qinghai Lake) of China over the past half century? [J]. Journal of Hydrology,2021,593:125921.

[178] DONG H,SONG Y,ZHANG M. Hydrological trend of Qinghai Lake over the last 60 years:driven by climate variations or human activities? [J]. Journal of Water and Climate Change,2019,10(3):524-534.

[179] ZHANG W, WANG S, ZHANG B, et al. Analysis of the water color transitional change in Qinghai Lake during the past 35 years observed from Landsat and MODIS[J]. Journal of Hydrology: Regional Studies, 2022, 42:101154.

[180] CHE T,LI X,JIN R. Monitoring the frozen duration of Qinghai Lake using satellite passive microwave remote sensing low frequency data[J]. Chinese Science Bulletin,2009,54(13):2294-2299.

[181] FENG L,LIU J,ALI T A,et al. Impacts of the decreased freeze-up period on primary production in Qinghai Lake[J]. International Journal of Applied Earth Observation and Geoinformation,2019,83:101915.

[182] JIN Z,YOU C F,WANG Y,et al. Hydrological and solute budgets of Lake Qinghai, the largest lake on the Tibetan Plateau [J]. Quaternary International,2010,218(1-2):151-156.

[183] WANG X,LIANG T,XIE H,et al. Climate-driven changes in grassland vegetation,snow cover,and lake water of the Qinghai Lake basin[J]. Journal of Applied Remote Sensing,2016,10(3):036017-036017.

[184] ZHANG H,TIAN L,HASI E,et al. Vegetation-soil dynamics in an alpine desert ecosystem of the Qinghai Lake watershed,northeastern Qinghai-Tibet Plateau[J]. Frontiers in Environmental Science,2023,11:1119605.

[185] CAI Y,ZHANG J,YANG N,et al. Human impacts on vegetation exceeded the hydroclimate control 2 ka ago in the Qinghai Lake basin revealed by n-alkanes of loess [J]. Palaeogeography, Palaeoclimatology, Palaeoecology, 2022,607:111269.

[186] LEE S, CHOWELL G. Exploring optimal control strategies in seasonally varying flu-like epidemics[J]. Journal of Theoretical Biology, 2017, 412: 36-47.

[187] CHOI W, SHIM E. Optimal strategies for social distancing and testing to control COVID-19[J]. Journal of Theoretical Biology, 2021, 512:110568.

[188] KIM S, LEE J, JUNG E. Mathematical model of transmission dynamics and optimal control strategies for 2009 A/H1N1 influenza in the Republic of Korea[J]. Journal of Theoretical Biology, 2017, 412:74-85.

[189] HOU L F, SUN G Q, PERC M. The impact of heterogeneous human activity on vegetation patterns in arid environments[J]. Communications in Nonlinear Science and Numerical Simulation, 2023, 126:107461.

[190] DE LOS REYES J C. Numerical PDE-constrained Optimization[M]. New York: Springer, 2015.

[191] CALVIN K, BOND-LAMBERTY B, CLARKE L, et al. The SSP4: A world of deepening inequality[J]. Global Environmental Change, 2017, 42:284-296.

[192] BARBU V. Analysis and control of nonlinear infinite dimensional systems [M]. Austerdam: Elsevier, 1993.

[193] CASAS E, HERZOG R, WACHSMUTH G. Optimality conditions and error analysis of semilinear elliptic control problems with L1 cost functional[J]. SIAM Journal on Optimization, 2012, 22:795-820.

[194] TROLTZSCH F. Optimal control of partial differential equations: theory, methods, and applications[M]. Philadelphia: American Mathematical Society, 2010.